ANALYSE DES HYPOTHÈSES

ANCIENNES ET MODERNES

QUI ONT ÉTÉ ÉMISES SUR LES

TONNERRES SANS ÉCLAIRS

PAR UN CIEL PARFAITEMENT SEREIN OU DANS LE SEIN DES NUAGES;

ACCOMPAGNÉE D'UNE

RELATION DES TONNERRES SANS ÉCLAIRS

OBSERVÉS SOUS DIVERSES LATITUDES

ET EN PARTICULIER A LA HAVANE,

AINSI QUE D'UN

ESSAI THÉORIQUE SUR LA NATURE DES TONNERRES SANS ÉCLAIRS PAR UN CIEL COUVERT OU SEREIN;

PAR Andrés POEY,

Directeur de l'Observatoire physique et météorologique de la Havane;
Chargé par son S. Ex. le Gouverneur-Général de l'île de Cuba, au nom de la Société
Royale Economique de la Havane, d'étudier en Europe les progrès de l'Agriculture
et de l'Industrie applicables au pays;
Membre de la Société météorologique de France; Membre de la Commission permanente
des Colonies et de l'Etranger, de la Société Impériale Zoologique d'Acclimatation;
Correspondant de l'Académie des Sciences, Arts et Belles-Lettres de Dijon,
de la Société Ethnologique de New-York, etc.

VERSAILLES,

BEAU JEUNE, IMPRIMEUR DE LA SOCIÉTÉ MÉTÉOROLOGIQUE DE FRANCE,

RUE DE L'ORANGERIE, 36.

1857

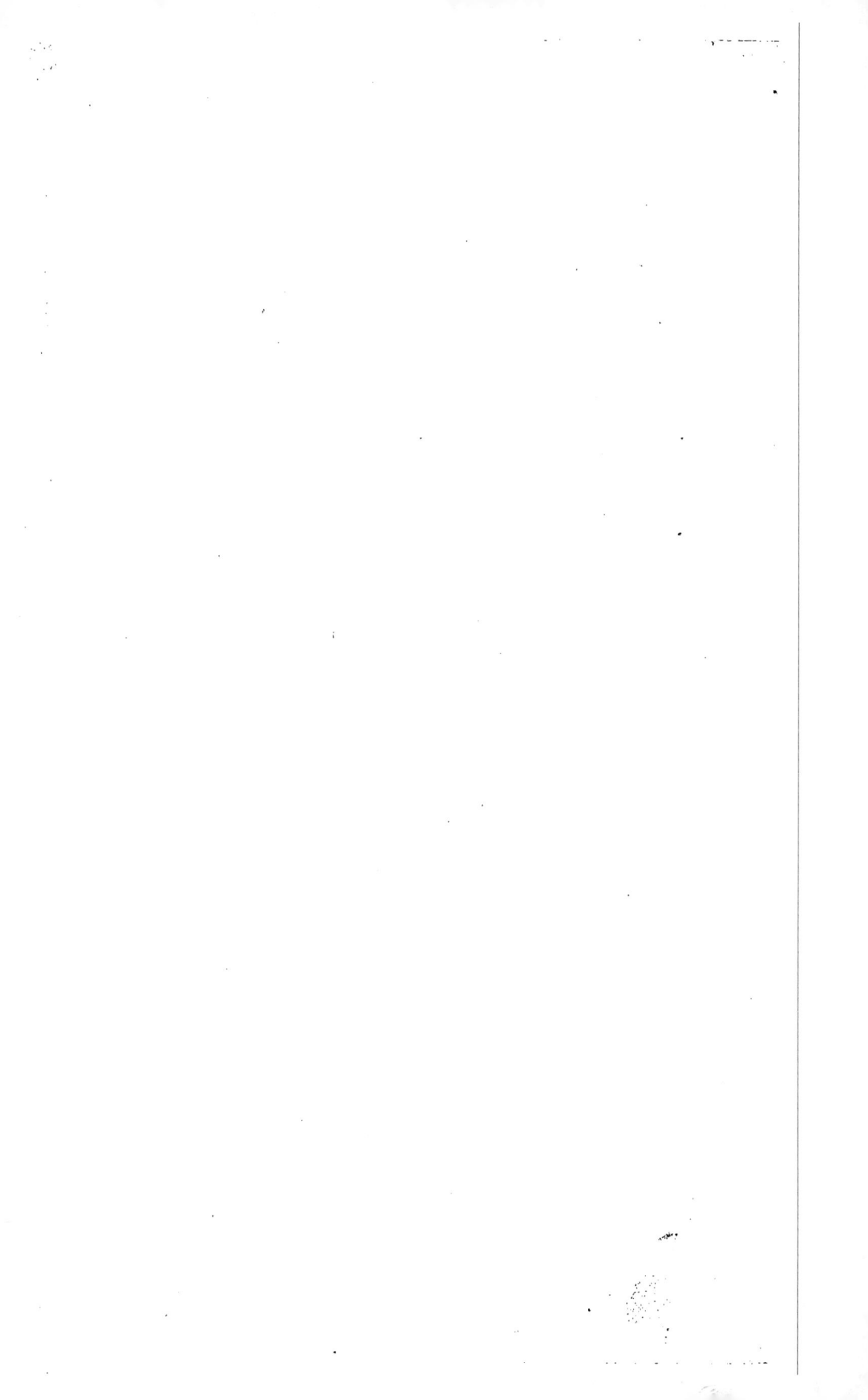

Mémoires de M. A. POEY

POUR PARAITRE INCESSAMMENT.

1° **Considérations** philosophiques sur un Essai de *Systématisation subjective* des phénomènes météorologiques, d'après la similitude des forces ou des lois directrices et perturbatrices,
leur conservation, leur corrélation, en liant partout les propriétés dynamiques des phénomènes à la structure ~~statique~~ des corps, et au point de vue de la théorie des milieux organiques et sociologiques.

géométrique

Ce Mémoire, qui est complétement achevé, comprend douze chapitres, dont le contenu est le suivant : 1° Introduction à
la fois historique et synthétique sur la systématisation des recherches météorologiques. — 2° Classification encyclopédique
des connaissances humaines d'après l'ordre d'évolution et le degré de complication croissante des phénomènes dont chaque
science s'occupe. — 3° Classification subjective des différentes branches de la météorologie d'après les propriétés de nos
propres sens, l'ordre d'évolution et le degré de complication croissante des phénomènes dont elles s'occupent — 4° Considérations générales sur l'ordre d'évolution des phénomènes météorologiques d'après la similitude des lois ou des forces directrices et perturbatrices, leur conservation, leur corrélation, et en liant partout les propriétés dynamiques des phénomènes
à la structure statique des corps. — 5° Evolution des brises fraiches, des ouragans, des brouillards, de la rosée, de la
gelée blanche, de la neige, du grésil, de la grêle, de la glace, des orages électriques et magnétiques, des aurores boréales,
des éclairs, du tonnerre, de la foudre, des étoiles filantes, des trombes et des nuages, des tremblements de terre, d'après
les lois énoncées dans le chapitre précédent. — 6° Théorie des milieux organiques ou biologiques au point de vue des
phénomènes météorologiques. — 7° Action du milieu solaire sur le milieu terrestre, biologique et sociologique, au point
de vue des phénomènes météorologiques. — 8° Action physico-météorologique du milieu terrestre sur la vie organique. —
9° Influence du rayonnement lunaire et solaire, dans la production des phénomènes physico-météorologiques, terrestres
et atmosphériques. — 10° Théorie de la modificabilité des milieux biologiques et sociologiques. — 11° Considérations
générales sur l'art de prévoir les phénomènes en météorologie. — 12° Résumé de l'ensemble des douze chapitres pré-
cédents, suivi de considérations finales.

2° **Tableau analytique** des effets contradictoires de la foudre, considérés dans leurs actions
mécaniques, physiques, chimiques, pathogéniques, thérapeutiques, morales et sociales, sur
l'homme, les animaux, les végétaux, les métaux, les pierres et sur divers objets; accompagné
d'une explication physico-mécanique des principaux phénomènes de la foudre, qui se rap-
prochent des effets produits par les décharges électriques des batteries d'une intensité croissante.

Ce tableau, qui comprend l'énumération de *mille effets* de la foudre, est précédé d'une Introduction historique sur la loi
fondamentale de l'évolution intellectuelle de l'humanité au point de vue des influences que la foudre et les phénomènes
météorologiques ont exercées sur l'existence sociale, et finalement suivi d'une Revue bibliographique, embrassant la citation de *cinq cents* auteurs chez lesquels on trouve des renseignements intéressants sur les effets de la foudre. L'auteur a
exécuté le même travail pour les effets des *Tremblements de terre.*

3° *Essai théorique sur la nature et sur l'identité des phénomènes de la foudre*, comparés
aux effets propres à l'électricité artificielle, soit statique, soit dynamique. Ce Mémoire paraîtra dans le *Philosophical Magazine* de Londres, pour 1857.

4° *Catalogue chronologique des Tremblements de terre* qui ont été précédés, accompagnés
et suivis d'ouragans cycloniques. Ce catalogue paraîtra dans les *Nouvelles Annales des
Voyages* de M. Malte-Brun.

5° *Catalogue chronologique des Tremblements de terre* ressentis dans les Indes occidentales,
depuis la découverte de l'Amérique jusqu'à ce jour ; accompagné d'une liste bibliographique
des auteurs dans lesquels on trouve des données intéressantes sur les tremblements de terre
des Antilles. Ce catalogue paraîtra dans l'*Annuaire* de la Société météorologique de France
pour 1857.

6° *Supplément au Catalogue* des chutes de grêles observées à l'île de Cuba, accompagné
des cas qui eurent lieu dans les autres îles des Antilles, depuis la découverte de l'Amérique
jusqu'à ce jour. Ce supplément paraîtra dans les *Annales de Chimie et de Physique.*

7° *Carte physique et météorologique* de l'île de Cuba, comprenant toutes les observations
terrestres et maritimes faites jusqu'à ce jour, sur les côtes et dans les eaux de l'île.

Nota. — M. Poey se fera un grand plaisir d'insérer dans ses publications, sous la responsa-
bilité de l'auteur, les communications qui lui seraient faites sur toutes les branches de la météorologie. Ces communications peuvent être adressées *franco* à M. le docteur Laudy, agent
de la *Société météorologique de France*, rue du Vieux-Colombier, 24.

Analyse des hypothèses anciennes et modernes qui ont été émises sur les
Tonnerres sans éclairs, *par un ciel parfaitement serein ou dans le sein*
des nuages; accompagnée d'une relation des tonnerres sans éclairs obser-
vés sous diverses latitudes, et en particulier à la Havane, ainsi que d'un
Essai théorique sur la nature de ce phénomène, par M. Andrès Poey, directeur de l'Observatoire météorologique de la Havane.

Extrait de l'Annuaire de la Société météorologique de France,

Tome iv, p. 113. — Séance du 11 novembre 1856.

Persuadé que ce n'est que par la réunion, la coordination, la déduction
et la systématisation d'un grand nombre d'observations météorologiques considérées isolément, puis dans leur ensemble, que l'on parviendra à déter-
miner les LOIS particulières et collectives qui président à la formation des météores ainsi qu'à leur enchaînement mutuel, je me suis appliqué avec ardeur
à la recherche des faits qui auront pour but d'arriver à ce résultat, en rapportant les forces perturbatrices aux forces directrices, et en liant partout les propriétés dynamiques des phénomènes à la structure statique des corps.

Ce nouveau travail sur les *tonnerres sans éclairs* servira de pendant au
premier, sur les *éclairs sans tonnerre,* que j'ai eu l'honneur de communiquer à la Société dans la séance du 13 novembre de l'année passée (1). Dans
ce second travail, je suivrai la même méthode que j'ai adoptée dans le précédent, c'est-à-dire que je ferai mention en premier lieu des auteurs qui
parlent des *tonnerres sans éclairs* par un ciel *parfaitement serein* ou *nuageux,*
avec ou sans indication d'opinion sur la nature des tonnerres. En second
lieu, je signalerai les cas de tonnerres sans éclairs que j'ai observés à la Havane par un ciel couvert. Et en troisième lieu, je donnerai un *Essai théo-*
rique sur la nature de ce phénomène.

Le manque d'observations chez les auteurs qui se sont occupés de la
question des *tonnerres sans éclairs* ne m'a pas permis de séparer ceux qui ont
considéré le phénomène au point de vue théorique, de ceux qui l'ont simplement signalé, ainsi que je l'avais pratiqué dans mon Mémoire sur les
éclairs sans tonnerre. Ou les *tonnerres sans éclairs* ont-ils moins attiré l'attention des observateurs anciens et modernes que les *éclairs sans tonnerre,* ou le
premier de ces phénomènes est-il moins fréquent que le second? Ce dernier
fait, s'il était prouvé, justifierait les observations que l'on trouve plus nombreuses sur les éclairs sans tonnerre que sur les tonnerres sans éclairs. Je
serais plutôt porté en faveur de la seconde hypothèse.

(1) *Annuaire de la Société météorologique de France,* 1855, t. III, p. 317-380.

1

Les seules observations que M. Arago a pu réunir sur les tonnerres sans éclairs se réduisent aux assertions de Lucrèce, d'Anaximandre, de Suétone, de Sénèque, de Senebier, aux trois cas rapportés par Chanvalon, à un quatrième cas qui eut lieu, d'après James Bruce, en 1768, près de Casséir, sur la mer Rouge, et à un cinquième cas signalé par Volney (1).

C'est ainsi que dans la question des tonnerres sans éclairs je dois faire la même remarque que j'ai déjà faite pour les éclairs sans tonnerre, par rapport à l'absence complète d'observations pour les régions équatoriales de l'ancien et du nouveau monde. Je puis toutefois en répondre pour la seconde région, tant le phénomène y est commun. De même que pour les éclairs sans tonnerre, je n'ai trouvé sur les Antilles que l'unique observation de Thibault de Chanvalon faite à la Martinique, laquelle donne *deux jours* de tonnerres sans éclairs pour le mois d'octobre 1751 et un jour en novembre de la même année.

Qu'il me soit permis de fixer de nouveau l'attention des observateurs sur cette manière très-inexacte d'exprimer le roulement du tonnerre ou la chute de la foudre, lorsqu'on dit : *la foudre gronde dans les nues; le tonnerre ou l'éclair sont tombés; frappé du tonnerre; le tonnerre en boule, le feu du tonnerre*, etc., locutions que l'on emploie indistinctement sans songer aux méprises qui peuvent résulter du manque de netteté dans le langage. De là il résulte qu'en parcourant les relations de la plupart des auteurs anciens et modernes on est très-souvent embarrassé de savoir s'ils ont voulu parler du bruit ou du roulement du tonnerre, de la chute de la foudre, ou simplement de l'éclair, la même expression étant applicable à ces trois ordres de phénomènes qui sont pourtant bien distincts dans leur manifestation. Cette erreur est bien plus grave pour les tonnerres sans éclairs que pour les éclairs sans tonnerres, par la raison que lorsqu'on parle du tonnerre on ignore s'il est question de son *roulement* proprement dit ou de la *chute de la foudre*. On conçoit en outre combien ce manque de correction dans le langage vulgaire et même scientifique peut causer de fâcheuses erreurs lorsqu'il s'agit du tonnere ou de la foudre par un *ciel serein*. Cependant, même aujourd'hui, la plupart des savants ne font pas de différence dans le choix de leurs termes, et il n'y a que quelques jours encore qu'un savant distingué disait dans un journal scientifique : *le tonnerre en boule*, en parlant de l'éclair en boule d'Arago, ou plus proprement dit de la foudre sphéroïde. Parmi les anciens, cette erreur est moins fréquente dans les ouvrages écrits en latin, car on y trouve signalés les éclairs par l'expression de *fulgur*, le tonnerre par celle de *tonitru*, la foudre par *fulmen*, et les éclairs sans tonnerre par *coruscatio* ou *fulgetrum*. Cependant elle existe encore assez pour nous induire en erreur ou pour nous fournir une notion vague du phénomène que l'auteur a voulu décrire.

Pour donner une idée manifeste de la manière dont les savants même identifient leur langage et rattachent leurs idées à des termes erronés qui ne peuvent que jeter du doute, de la confusion et de l'obscurité là où la vérité,

(1) OEuvres d'Arago, t. 1, des *Notices scientifiques*, Paris, 1854, pages 84, 88, 236.

la méthode et la clarté devraient régner, il me suffira de signaler que, dès 1770, Le Roy, de l'ancienne Académie, dans un mémoire sur les conducteurs de la foudre, après avoir employé indifféremment les expressions de *tonnerres* et de *foudre*, avouait qu'il l'avait fait « pour éviter les répétitions et pour se conformer aussi à *l'usage ordinaire*, qui fait souvent ces deux termes synonymes (1). »

Est-ce que les sciences exactes doivent être soumises aux *usages ordinaires* dans l'emploi de termes inexacts qui ne peuvent rendre compte des phénomènes qui les caractérisent? Doit-on, d'un autre côté, obscurcir le fond scientifique par la forme du langage?

En 1760, Franklin remarquait que la langue anglaise manquait d'un terme propre pour distinguer cette lueur qui accompagne la chute de la foudre, et qui peut couvrir une vaste étendue. « Le mot anglais *lightning*, ajoute-t-il, signifie tout à la fois *foudre*, *tonnerre* et *éclair*. En français, le tonnerre est le bruit, et l'éclair est la lumière qui provient de la foudre (2). » Quoique l'on ait dans la langue anglaise les expressions de *thunder* pour le tonnerre, *thunder-without lightning*, pour les tonnerres sans éclairs, *sheets of summer lightning*, pour les éclairs de chaleur, que l'on désigne aussi par le terme de *coruscation*, du latin, qui signifie également l'éclair de la foudre, enfin *lightning without thunder*, pour les éclairs sans tonnerre, l'expression *lightning* s'applique indistinctement à la foudre ou à l'éclair.

En 1806, Libes disait : « On confond ordinairement le tonnerre avec la foudre ; de là ces expressions vulgaires : le *tonnerre est tombé*; le *tonnerre a produit de grands ravages*. Pour parler avec plus d'exactitude, il faudrait dire : la *foudre est tombée;* la *foudre a produit de grands ravages* (3). »

Enfin en 1838, M. Arago, dans le premier chapitre de sa Notice sur le tonnerre, qui traite des *définitions* de ces météores, s'exprimait ainsi : « Au surplus, ce qui nous importe particulièrement ici, c'est de remarquer que *tonnerre*, dont la signification directe est *bruit, éclat, roulement*, se prend si souvent pour *foudre*, comme dans les locutions : le *tonnerre est tombé, frappé du tonnerre, feu du tonnerre*, etc., qu'on est arrivé à employer les deux expressions indistinctement, même dans ces cas où il *peut en résulter des méprises, ou du moins un manque de netteté*. Les *bons écrivains* ne font pas cette faute, témoin la phrase, si souvent citée, d'un de nos plus grands prosateurs : « Le ciel a plus de tonnerres pour épouvanter qu'il n'a de foudres pour punir (4). »

Cependant, chose bizarre, ni Le Roy, ni Franklin, ni Libes, ni Arago, qui ont si justement combattu ce langage vulgaire et incorrect, n'ont pu tenir compte de leurs propres réfutations dans le cours des descriptions qu'ils ont données sur les effets de la foudre et du tonnerre, où ils ont tous fait indistinctement usage de ces deux termes. Le titre de *tonnerre* que M. Arago a donné

(1) *Histoire de l'Académie des Sciences*, 1770, p. 67.
(2) OEuvres de Franklin, trad. par Barbeu-Dubourg, Paris, 1773, t. I, p. 241.
(3) *Dictionnaire de physique*, Paris, 1806, t. III, art. *tonnerre*, p. 124.
(4) OEuvres citées, p. 6.

à sa Notice prouve encore une fois combien son esprit n'a pu se dégager d'une erreur passée presque à l'état de vérité, et qui a été dès lors sanctionnée par son autorité ; car les chapitres qui se rattachent aux phénomènes du *tonnerre* proprement dit n'occupent qu'une partie très-minime du vaste recueil des effets de la foudre que comprend sa Notice. De là la nécessité dans laquelle M. Arago s'est vu d'intituler son chapitre xi, p. 77 : « Du tonnerre » *proprement dit*, ou du bruit que fait entendre la foudre quand elle s'échappe » des nuages, » définition qui me paraît encore inexacte. Bien plus, ce préjugé, car c'en est un, a réagi jusque dans le terme de *paratonnerre*, qui devrait être aujourd'hui remplacé par celui de *para-foudre*, qui lui correspond. Dans l'emploi de ces tiges, différemment combinées pour garantir les télégraphes électriques, on fait usage de l'un ou l'autre de ces termes; cependant j'ai vu un plus grand nombre d'auteurs qui ont préféré le mot de para-foudre à celui de paratonnerre.

CHAPITRE PREMIER.

Tonnerres sans éclairs observés sous diverses latitudes par un CIEL SEREIN, *avec ou sans indication d'opinion sur la nature du tonnerre.*

Quoique Horace ne fût ni phycicien, ni météorologiste, cependant il paraît avoir eu connaissance des tonnerres sans éclairs par un ciel serein; car dans son langage poétique, il exclame': « L'on avait vu Jupiter la foudre à la main dans un ciel calme et pur. »

Si Horace eût dit que l'on avait vu Jupiter *lancer* la foudre, cette expression indiquerait la *chute* de la foudre; mais comme il dit : la foudre à la main, on peut entendre ici le *roulement du tonnerre*. Pline aussi faisait partir la foudre des planètes les plus éloignées, tantôt de Mars, tantôt de Saturne, mais surtout de Jupiter (1). C'est probablement par cette raison que les peintres et les poëtes peignaient Jupiter la foudre à la main.

Du reste cette idée de Pline et des anciens de faire venir la foudre des mains de leurs dieux mythologiques n'a rien de surprenant, car elle caractérise l'époque de l'astrologie qui succéda à celle du fétichisme pur et qui constitua son plus haut perfectionnement en le conduisant bientôt à se transformer en polythéisme proprement dit. Mais avec une tendance croissante à faire prévaloir la nature sur Dieu, l'astrologie persista encore pendant toute la durée de la transition monothéique. Sous cet état, l'homme privé de renseignements sur l'extérieur, et à défaut d'idées, éprouve des sentiments qu'il assimile aux phénomènes qui l'entourent; c'est ainsi que toute manifestation naturelle est par lui considérée comme étant assujétie à des volontés ou à des êtres surnaturels plus ou moins nombreux, produits de son imagination, créés à son image, dont l'intervention, arbitraire suivant les besoins, ne laisse rien d'inexpliqué dans tout ce qui le frappe. Les principaux phénomènes météorologiques ont été pendant longtemps considérés à ce point

(1) *Hist. nat.*, 1, 2, c. 20.

de vue purement subjectif par l'absence de lois objectives ; cependant à mesure que celles-ci seront connues on devra rapporter de nouveau l'objectivité actuelle absolue à la *subjectivité* première, mais *relative*.

Le P. Regnault, qui n'a pas conçu l'idée d'Horace, est en contradiction avec lui-même lorsque d'un côté il dit : « Horace voulait apparemment badiner en philosophe enjoué, quand il semblait dire, que l'on avait vu Jupiter la foudre à la main dans un ciel calme et pur ; » et que plus loin il affirme lui-même que « quelquefois on voit des éclairs, on entend le tonnerre dans un *temps serein*, mais la nuée qui porte le tonnerre est cachée sous l'horizon (1). » Si la nuée est cachée sous l'horizon, l'éclair et le tonnerre de fait n'ont pas moins lieu par un ciel serein, soit qu'ils soient réfléchis, soit primordiaux. Il resterait encore à savoir quelles sont les preuves que l'observateur a de l'existence de la nuée sous l'horizon. Ensuite il ajoute : « Lucrèce (2), plus sérieux qu'Horace, ne fit ni gronder le tonnerre, ni voler la foudre dans un ciel d'azur. »

Nec fit enim sonitus cœli de parte serena.
Fulmina..... cœlo nulla sereno.

Voici la traduction des vers de Lucrèce :

Où le ciel est serein, le bruit ne s'entend pas,
De nuages épais lorsque le sombre amas
Condense la vapeur, la heurte, l'emprisonne,
C'est là qu'avec fureur l'air enflammé résonne (3).

Lucrèce dit aussi : « Enfin, pourquoi Jupiter ne lance-t-il jamais sa foudre, ne fait-il jamais gronder son tonnerre, quand le ciel est serein ? (4) »

Suétone rapporte que vers la fin du règne de Titus on entendit un coup de tonnerre par un ciel serein (5). ·

Anaximandre rapporte tout à l'air et au vent: « Le tonnerre, dit-il, n'est que le son produit par le choc des nuages. D'où vient la différence des tonnerres? De la différence des chocs. Pourquoi tonne-t-il par un *temps serein* ? C'est parce que le vent perce à travers l'air dense et sec. Pourquoi tonne-t-il quelquefois sans qu'il fasse d'éclairs ? Parce que le vent trop tenu et trop faible, est impuissant pour produire la flamme, et peut cependant produire le son (6). »

« Sénèque affirme, dit Arago, que la *foudre gronde* quelquefois dans un ciel sans nuages (7). » Cependant M. Arago a omis de dire que sous cet

---

(1) *Entretiens physiques d'Ariste et d'Eudoxe,* par le P. Regnault, 7ᵉ édit., Paris, 1745, t. IV, p. 121.
(2) Lucrèce, I, 6, v. 98, 246.
(3) Lucrèce, *de la nature des choses,* trad. par de Pongerville. Paris, 1828, chant sept., t. II, p. 315.
(4) Lucrèce, *id.,* trad. de Lagrange, Paris, 1768, t. II, p. 344.
(5) Arago, OEuvres citées, p. 88.
(6) Sénèque, *Nat. quæst.,* l. II, c. 18.
(7) Arago, OEuvres citées, p. 88.

état de sérénité, Sénèque ne considérait pas pour cela que le ciel *fût dé-pourvu* de nuages, car il admettait l'existence de *nuages ou de masses de va-peurs transparentes*, dont la dissémination ne trouble pas la pureté de l'air et qui peuvent se grouper, former des masses distinctes et séparées, en un mot, de véritables *nuages transparents*. Ces nuages invisibles peuvent être, comme les nuages opaques, chargés d'électricité, et peuvent reproduire les mêmes phénomènes que ces derniers, seulement, en général, avec une intensité beaucoup moindre et sur une échelle beaucoup plus petite.

L'hypothèse très-ingénieuse de Sénèque fut complétement jetée dans l'ou-bli, et probablement pas même connue par ses successeurs, jusqu'en 1840, que Peltier, sans paraître pas plus que les autres avoir eu connaissance du passage de Sénèque, soutint de nouveau l'idée de l'existence des nuages transparents, fondée cette fois-ci sur des expériences directes qu'il fit avec des cerfs-volants sur des masses de vapeurs et des éclaircies transparentes, ayant obtenu des signes électriques différents pour chacun de ces deux états de transparence. C'est donc à l'aide de ces nuages transparents que j'ai pu me rendre compte des éclairs sans tonnerre par un ciel *parfaitement serein* et directement produits dans l'espace du ciel où on les aperçoit. Il en est de même pour tous les autres météores que j'ai signalé avoir lieu par un ciel sans nuages, et dont voici l'énumération complète : *pluies, neiges, grains, grêles, éclairs, tonnerres, foudres, foudres sphéroïdales, trombes, arcs-en-ciel et halos* (1).

Voici maintenant le passage exact de Sénèque que M. Arago a mal interprété : « N'entend-on pas de même le tonnerre quand l'atmos-phère est le plus pure ? Mais il se forme, comme au milieu d'un ciel nébu-leux, par la collision de l'air. » Ensuite : « Ce fluide (l'air), dans l'état même de la *plus grande transparence* et de la plus grande sécheresse, peut se réunir, et former des corps *semblables aux nuages*, dont la percussion produira un son éclatant (2). »

Jac. Hauff s'exprime ainsi : « Videmus autem tonitru fieri interdum sine coruscatione et coruscationem seu fulgur sine tonitru, cujus rei ratio hæc est : nubes ventosæ si solum luctantur et colliduntur, exhalatio etiam adit tenuis nubes autem spissa, *fit tonitru sine fulgure*, hoc est, pulsat latera nu-bis exhalatio sed inflammata non perrumpit. Sin vero tam nubes quam exhalatio varior fuerit, et tonitru, et nubes facile cedit exhalationi, videmus eam inflammatam, sed sonum non audimus, non enim vi nubes perrum-pitur vel facile penetratur, et hoc fit cum de nocte crebriores fiunt corusca-tiones, de qua Germani dicunt, *das wetter tichletsich* (3). »

Dans la séance de l'Académie des sciences de Béziers, du 31 octobre 1725, on s'occupa de l'idée qu'avait avancée Fontenelle, sur l'analogie entre la fou-dre et les effets de la poudre à canon. L'auteur des Recueils de cette acadé-mie dit ensuite qu'il avait remarqué que pendant le dernier orage du 21 du

(1) *Annuaire de la Société météorologique de France*, 1855, t. III, p. 365 et suiv.
(2) *Sénèque*, livre I, chap. I, trad. par Lagrange, Paris, 1778, t. VI, p. 38.
(3) *Disp. de fulmine*, 4°, Witt., 1622, p. 5.

même mois, tous les éclairs n'étaient pas suivis du tonnerre, et qu'ainsi il y avait des *tonnerres sans éclairs* et des *éclairs sans tonnerres.* » Vous en comprenez assez la raison, dit l'auteur, pour qu'il soit besoin que je m'étende ici davantage (1). »

« Il n'est pas bien contraire à la vérité, dit Sennertus, qu'il y ait eu des tonnerres ou quelque chose de semblable sans nuée (2). »

Le P. Lozeran du Fech, après avoir confondu sous la dénomination inexacte de *tonnerre*, la *chute* de la foudre et le *roulement* du tonnerre, donne l'explication suivante qui embrasse les deux ordres de phénomènes : « Il est facile, dit-il, que par les vents et les diverses agitations de l'air, il se rassemble dans le ciel le plus serein une quantité considérable d'exhalations de diverses sortes, dont l'amas se formera à une telle distance ou à une telle hauteur, qu'il ne sera pas un objet sensible pour nous, quoiqu'il ait quelques toises de diamètre ; et alors il ne paraîtra point de nuées dans l'air, surtout si cet amas se forme au-dessus de la couche azurée de l'air, comme il peut arriver quelquefois. Si les petits tourbillons de ces exhalations sont fort près les uns des autres, et que la cause qui les a rapprochés dure quelque temps, on conçoit, suivant tout ce que j'ai dit, qu'il s'y formera bientôt des tourbillons plus grands, et que les petits tourbillons qui forment ces grands tourbillons, se mêlant les uns les autres, et leurs parties se mêlant, la matière du tonnerre se préparera d'autant plus vite, qu'il n'y a point là, ou presque point, de vapeurs, et éclatera enfin avec grand fracas en s'enflammant et lançant de la matière embrasée, laquelle pourra quelquefois arriver à terre et y causer du désordre, comme Pline assure qu'il arriva du temps de la conjuration de Catilina. Pour les foudres et les tonnerres dont parle Sénèque (liv. II, chap. 30), arrivés dans le temps de l'incendie du mont Etna, je conviendrai facilement qu'il n'y avait pas de nuées de vapeurs, mais il y avait certainement des nuées d'exhalations, et si épaisses, qu'elles dérobaient tout à fait le jour aux habitants, aussi effrayés des ombres de la nuit qui les avaient enveloppés avant le temps, que du bruit terrible des tonnerres ; et je ne suis pas surpris que des nuées d'exhalations fussent si fécondes en foudres et tonnerres (3)..... »

Muschenbroek s'exprime ainsi : « N'entend-on jamais gronder la foudre ou le tonnerre lorsque le temps est serein ? Aristote prétend que cela ne peut arriver (4), et il assure que le tonnerre ne peut s'entendre que lorsqu'il y a des nuées, et même qu'il ne s'en engendre pas toujours en pareille circonstance, et qu'il n'y en a jamais lorsque le ciel est serein. C'est aussi l'avis de Lucrèce (5). Sénèque est d'accord en cela avec eux, et il dit qu'on ne doit point craindre le tonnerre pendant un jour serein, et qu'on ne doit l'ap-

(1) *Recueil des lettres, mémoires et autres pièces, pour servir à l'histoire de l'Académie des sciences de Béziers,* par le P. Lozeron du Fech? 1736, p. 5-7.

(2) *Epit. phys.,* lib. IV, c. II.

(3) *Dissertation sur la cause et la nature du tonnerre et des éclairs,* couronnée en 1726 par l'acad. de Bordeaux. — Recueils des dissertations de cette académie, t. II, p. 71-75.

(4) *Meteor.,* lib. II, cap. ultim.

(5) Lib. VI, v. 246 et v. 400.

préhender la nuit que lorsque le ciel est couvert de nuages (1). Cependant l'autorité de plusieurs grands hommes nous apprend qu'il tonne quelquefois lorsque le ciel est très-serein. Tel est l'avis d'Homère (2), d'Anaximandre, de Xénophon (3), de Virgile (4), de Cicéron (5), de Pline (6), de Julius Obsequens (7). Barthol. Crescentius dit avoir vu tomber le tonnerre un jour vers midi, tandis que le ciel était très-serein, sur une galère à trois rangs de rames qui appartenait à Sixte V, souverain Pontife (8). Cette galère était dans l'île de Procyta, auprès de Naples; trois forçats furent tués par cette foudre. Scheuchzer rapporte une semblable observation (9). »

« Il faut cependant convenir que ce phénomène arrive très-rarement, et qu'on peut le regarder comme un prodige. Mais comme l'expérience nous a appris que, lorsque le ciel est serein, il arrive quelquefois que l'air soit surchargé d'électricité, puisqu'on parvient alors, à l'aide d'un cerf-volant attaché à un fil de métal, à soutirer cette matière électrique, à la conduire vers la surface de la terre, et à en tirer de fortes étincelles avec le doigt ou avec un morceau de métal; il a donc pu se faire, en supposant une semblable constitution du ciel, c'est-à-dire l'air étant surchargé d'électricité, que cette matière ait été soutirée et se soit portée à la pointe du mât de la galère, etc.; il peut se faire aussi que le vent porte cette matière contre la pointe de fer qui domine une tour élevée, et que, pénétrant les différents ferrements qui s'y trouvent, elle tombe sur d'autres corps solides, et que, venant à éclater, elle produise une flamme fulminante et une détonation; d'où il suit qu'on peut à présent ajouter foi aux observations que nous venons de rapporter (10). »

Senebier dit : « Il tonne quelquefois lorsque le ciel est *serein ;* il tonne pour l'ordinaire quand des nuages épais couvrent le ciel (11). »

Arago observe que « Senebier parle du tonnerre des jours sereins comme d'un fait reconnu, mais que malheureusement il ne dit pas si sa conviction repose sur des considérations théoriques ou sur des observations directes (12). »

L'abbé Para du Phanjas s'exprime ainsi : « Il y a quelquefois des éclairs et du tonnerre dans un temps *parfaitement serein,* savoir : lorsqu'il y a très-peu de vapeurs et beaucoup d'exhalaisons inflammables dans une portion de l'atmosphère, près de la surface de la terre (13). »

(1) J'ai signalé plus haut le véritable sens du passage de Sénèque.
(2) *Odiss.*, Y, v. 112.
(3) Lib. VII, Hallen.
(4) *Georg.*, lib. I, v. 487.
(5) Lib. I, *de divinat.*
(6) *Hist. nat.*, lib. II. c. LI.
(7) *De prodig* , cap. LXXXIII.
(8) *In naûtica*, l. III, c. XVIII.
(9) *Meteor. Helvetica*, part. II.
(10) *Cours de physique expérimentale*, Paris, 1769, t. III, p. 409-410.
(11) *Sur les moyens de perfectionner la météorologie.*— *Journ. de phys.*, 1787, t. XXX, p. 245.
(12) OEuvres citées, p. 88.
(13) *Théorie des êtres sensibles ou cours complet de physique*, 1788, vol. III, p. 56.

Le 13 juillet 1788, à six heures du matin, l'air était calme et étouffant, c'est-à-dire très-raréfié ; *le ciel étant sans nuages,* Volney entendit à Pontchartrain (à 16 kilomètres de Versailles), quatre à cinq coups de tonnerre. Ce ne fut qu'à sept heures un quart qu'un nuage parut au SO ; en quelques minutes, tout le ciel fut couvert. Peu de temps après, il tombait de la grêle grosse comme le poing (1).

Dans le chapitre XIV *des pluies, du tonnerre et des éclairs sans nuages visibles,* Peltier dit : « Nous terminerons ce chapitre par la citation d'éclairs et de coups de tonnerre pendant un ciel sans nuages. Sénèque et Anaximandre avaient admis des tonnerres sans nuages (Quest., n°ˢ I, 1 ; et II, 18). Lucrèce, au contraire, dit positivement qu'il faut d'épais nuages pour engendrer la foudre (*N. D.,* liv. 6, v. 98 et 245). Sennebier parle du tonnerre des jours sereins comme d'un fait reconnu (*Journ. Ph.,* t. 30, p. 245). C'est donc une question qu'il est bon de résoudre par l'observation bien constatée (2). »

Peltier rapporte ensuite l'observation de Volney, déjà citée, deux cas de *chute de foudre* par un ciel parfaitement serein, que je donnerai dans le chapitre qui traite de cette question, et enfin un cas d'éclair sans tonnerre par un ciel parfaitement clair, que j'ai déjà indiqué dans mon *Mémoire* sur les *éclairs sans tonnerres.* Il est encore facile de voir dans le chapitre ci-dessus signalé, de Peltier, qu'il a également confondu sous le terme de *coups de tonnerre,* la *chute* de la foudre proprement dite, et le *roulement* du tonnerre. Je ne cesserai pas, chaque fois que l'occasion s'en présentera dans le cours de ce Mémoire, de faire ressortir les erreurs que l'on s'expose à commettre par l'emploi de termes incorrects qui confondent en une seule deux propriétés du fluide électrique qui diffèrent essentiellement.

« On a entendu, dit Garnier, rarement à la vérité, le tonnerre gronder sous un ciel très-pur (3). »

M. Arago fait la demande suivante : « Tonne-t-il jamais par un temps parfaitement serein ? » à laquelle il répond par l'assertion de Sénèque, d'Anaximandre, de Lucrèce, de Suétone, de Sennebier et de Volney, déjà mentionnée, qui admettent le fait, excepté Lucrèce, qui dit sans hésiter : « Où le ciel est serein le bruit ne se fait pas entendre » (liv. VI, v. 98) ; et plus loin (v. 245) : « La foudre n'est engendrée qu'au milieu d'épais nuages entassés les uns sur les autres jusqu'à d'immenses hauteurs. Elle ne naît pas sous un ciel complétement serein ou seulement voilé. »

M. Arago rapporte également un cas de météore lumineux qui, par un temps *serein,* frappa et renversa le cheval que montait Charlemagne. Mais ici M. Arago, confondant l'action de la foudre avec celle du tonnerre, donne un exemple qui appartient au premier et non pas au second de ces météores. Par conséquent, ce cas retrouvera sa véritable place dans le chapitre de la *chute* de la foudre par un ciel *serein.*

M. Arago ajoute ensuite : « On s'exposerait à des erreurs en allant cher-

(1) *Tableau du climat et du sol des États-Unis,* édit. de Bossange, 1821, ch. IX, § 3, p. 203.
(2) *Sur la formation des trombes,* Paris, 1840, p. 102.
(3) *Traité de météorologie ou physique du globe,* Paris, 1838, p. 228.

cher les exemples de jours sereins accompagnés de tonnerres dans les pays sujets à de forts tremblements de terre. Ces derniers phénomènes, en effet, sont souvent précédés de longs mugissements dont une illusion acoustique, encore mal expliquée, transporte le siége dans l'atmosphère. Voilà pourquoi je n'ai point cité les tonnerres effroyables qu'on entendit par le temps le plus beau, il y a une centaine d'années, à Santa-Fe-de-Bogota, en commémoration desquels il se dit tous les ans, à la cathédrale, la messe du bruit (*la misa del ruido*). »

Plus loin, M. Arago s'exprime ainsi : « Volney, dont l'esprit d'exactitude est si bien connu se trouvant à Pontchartrain, entend très-distinctement quatre à cinq coups de tonnerre. Il regarde autour de lui, il n'aperçoit aucun nuage ni dans le firmament ni près de terre. Si les coups ne sont pas partis de la portion de l'atmosphère diaphane qui recouvre l'horizon visible ; si leur foyer ou leur cause doit être cherché dans des nuages situés au delà des limites de cet horizon, il faudra que ces nuages ne soient pas à plus de six lieues de distance, car sans cela, la détonation n'aurait pas été entendue ; or, des nuages, pour être invisibles à la distance de six lieues, ne doivent pas se trouver à plus d'une trentaine de mètres d'élévation. Nous voilà donc arrivés à cette alternative : ou les tonnerres entendus par Volney venaient d'une atmosphère parfaitement sereine, ou ils avaient pris naissance dans les nuages situés, au plus, à la très-petite hauteur de 30 mètres. Entre ces deux hypothèses, le choix me semble devoir être d'autant moins douteux, que les nuages qui, une heure après les détonations entendues par Volney, envahirent l'atmosphère de Pontchartrain, étaient des nuages à grêle très-élevés. Quoi qu'il en soit de cette argumentation, quant à l'observation particulière qui l'a fait naître, il n'en demeure pas moins établi qu'après avoir entendu des coups de tonnerre par un ciel serein, on devra soigneusement chercher, en regardant tout autour de soi, si quelque nuage ne commencerait pas à poindr aux limites de l'horizon visible. »

A la conclusion de cette argumentation se rattache une note sur quatre cas de chute de foudre par un ciel serein, tirée des anciens, dans laquelle M. Arago fait la remarque suivante : « En y regardant de bien près, je n'ai trouvé que les circonstances de l'observation de Volney, desquelles il découle d'une manière certaine que le tonnerre peut s'engendrer dans un ciel serein (1). »

Je regrette d'être dans la nécessité de réfuter les objections que M. Arago a présenté contre ces quatre cas de foudre, par un ciel serein, dont il en rapporte deux à la chute d'aérolithes ! Mais cette discussion formera partie d'un prochain Mémoire que j'aurai l'honneur de communiquer à la Société, sur les météores, par un *ciel serein*.

(1) OEuvres citées, p. 58 et 236.

CHAPITRE II.

Tonnerres sans éclairs observés sous diverses latitudes par un CIEL COUVERT, *avec ou sans indication d'opinion sur la nature du tonnerre.*

Pourquoi *tonne-t-il* quelquefois *sans qu'il éclaire ?* se demande Anaximandre. « C'est que le vent, trop tenu et trop faible, est impuissant pour produire la flamme, et peut cependant produire le son (1). »

Diogène d'Apollonie attribue quelques tonnerres au feu, et d'autres au vent. Le feu produit les tonnerres qu'il annonce et qu'il précède : le vent produit les tonnerres qui ne font qu'*un bruit sans aucune flamme* (2).

Descartes, qui fait provenir les éclairs sans tonnerres par un ciel couvert, de la nature des exhalaisons qui se trouvent entre deux nuées, ainsi que de la manière dont la supérieure tombe sur l'inférieure, ajoute : « Comme au contraire, s'il n'y a point en l'air d'exhalaisons qui soient propres à s'enflammer, on peut ouïr le bruit du tonnerre *sans qu'il paraisse pour cela aucun éclair* (3). »

Mais, dit-on, on entend quelquefois le bruit du tonnerre sans qu'il y ait d'éclair ; comment expliquer ce phénomène dans le système que je tâche d'établir? Telle est la question que se pose le P. Lozeran du Fech, à laquelle, pour y répondre, il commence par douter de la réalité des tonnerres sans éclairs, ensuite il réfute les hypothèses émises par ses prédécesseurs, puis il tâche d'expliquer ce phénomène dans son système par l'absence d'exhalaisons sulfureuses dans les grands tourbillons qui composent les nuées, lesquelles ne contiendraient que des exhalaisons salines et non inflammables lorsque ces tourbillons viennent à éclater l'un vers l'autre. Il pourrait encore se faire, dit-il, « que, ces petits tourbillons d'air et d'exhalaisons commençant à se briser, si quelque accident venait à affaiblir soudainement les tourbillons voisins, ou venait à les réduire, il éclatât avant que la matière dont il est composé ne pût s'enflammer, parce que son ressort serait déjà assez vif pour se débander brusquement, quoique ses petites parties n'eussent pas encore assez de mouvement pour produire de la lumière (4). »

Musschenbroek dit : « que la nue est aussi quelquefois si épaisse qu'elle empêche de voir la lumière de l'éclair, de sorte qu'on entend alors le tonnerre gronder, sans que l'éclair ait paru auparavant (5). »

Le P. Regnault s'exprime ainsi : « Cependant, il tonne quelquefois sans éclairs : 1° dans les opérations chimiques, qui se font dans les nuées, encore mieux que dans nos laboratoires, il peut se faire des espèces de fermentations froides, comme dans les mélanges de vinaigre et de corail ; et ces espèces de

(1) Sénèque, *Nat. quæst.*, lib. II, chap. XVIII.
(2) *Id.*, *ibid.*, chap. XX.
(3) OEuvres de Descartes, par Victor Cousin, t. V, *Discours 7e sur les météores*, p. 257.
(4) OEuvres citées, p. 50-53.
(5) *Essai de physique*, § 1702.

fermentations ne laissent pas de faire du bruit sans inflammation; 2° une nuée fondue par la chaleur peut produire, en tombant sur une autre et resserrant l'air surpris entre les deux, un bruit semblable à celui du tonnerre, sans qu'il s'allume d'exhalaisons ; 3° la base de la nuée ne peut-elle pas être si épaisse, qu'elle amortisse l'effort de l'inflammation, et la dérobe à nos yeux ? »

« On éprouve en second lieu que quelquefois il tonne sans qu'il éclaire, dit Bayle, et que d'autres fois il éclaire sans qu'il tonne. On explique cet effet, en disant que l'exhalaison enfermée entre deux nuées, ou n'a pas été assez inflammable, ou a été trop subtile pour que la lueur en soit venue jusqu'à nous, ou plutôt qu'il n'y a eu aucune exhalaison entre les deux nuées, et que la nuée supérieure a été l'unique cause du tonnerre par sa chute précipitée. Que si telle est la petitesse ou la faiblesse de la nuée supérieure, qu'elle ne puisse chasser l'air qui est au-dessous d'elle avec assez de vitesse pour causer un grand bruit, et que néanmoins elle puisse allumer une exhalaison plus sèche et plus inflammable qu'à l'ordinaire, alors on voit l'éclair sans entendre le tonnerre (2). »

Dans la récapitulation des observations météorologiques faites à la Martinique pendant les mois de juillet à décembre 1751, par Thibault de Chanvalon, on trouve que de huit jours qu'il a tonné dans le mois d'octobre, il y en a eu *deux sans éclairs*; En novembre, tonnerre *un seul jour*; on entendit trois coups un peu forts, mais sans éclat et *sans éclairs* (3). »

Je lis dans l'*Encyclopédie* de Diderot et d'Alembert, à l'article *foudre*, ce qui suit : «Quelquefois la nuée est si épaisse qu'elle empêche de voir l'éclair, quoiqu'on entende la foudre. » C'est l'opinion de Musschenbroek reproduite, ainsi qu'à l'article *Eclair*.

Le 19 mars 1768, près de Cosséir, sur la mer Rouge, un violent coup de tonnerre jeta l'épouvante parmi les matelots de la petite barque sur laquelle le voyageur James Bruce s'était embarqué. Ce coup de tonnerre *n'avait été précédé d'aucun éclair* (5).

A propos de l'influence du tonnerre sur l'aiguille aimantée, Van Swinden rapporte qu'il a observé à Franeker, de 1771 à 1782, en onze ans, 35 jours d'éclairs : en outre 40 *de tonnerre sans éclairs*, et de plus, 79 de tonnerre accompagné d'éclairs : en tout 154 jours de phénomènes électriques (6).

L'abbé Nollet dit : « que quelquefois il fait du tonnerre sans éclairs, parce qu'une nuée fondue par la chaleur du soleil peut produire, en tombant sur une autre et resserrant l'air surpris entre les deux, un bruit semblable à celui du tonnerre sans qu'il s'allume d'exhalaisons. »

Cette explication est exactement à la lettre la même que la deuxième inter-

(1) OEuvres citées, t. IV, p. 130.

(2) OEuvres diverses, in-fol, La Haye, 1731, t. IV, p. 368.

(3) *Voyage à la Martinique*, Paris, 1763, p. 155.

(4) *Encyclopédie* de Diderot et d'Alembert, Paris, 1757, art. *foudre* et *éclairs*.

(5) Arago, œuvres citées, p. 85.

(6) *Recueil de mémoires sur l'analogie de l'électricité et du magnétisme*, La Haye, 1784, vol. III, p. 225.

prétation du P. Regnault, signalée plus haut. Cependant, d'un autre côté, l'abbé Nollet a été un des premiers physiciens qui reconnurent l'analogie entre la foudre et l'électricité, quelques années avant la réinvention des parafoudres par Franklin; analogie qui paraît avoir été vaguement indiquée pour la première fois en 1632, par Gilbert (1), et reproduite en 1708, par Wall (2) ; en 1735, par Gray (3) ; en 1746, par Nollet (4); en 1749, par Franklin (5); par Barberet (6) et Hales (7), en 1750, et enfin, par les continuateurs de Franklin.

On retrouve encore la même théorie du P. Regnault et de l'abbé Nollet, pour expliquer le tonnerre dans l'*Encyclopédie* : « Sénèque, Rohault et d'autres expliquent le tonnerre en supposant deux nuages dont le supérieur moins dense tombe avec beaucoup de violence sur l'inférieur plus dense. L'air comprimé alors s'en échappe causant un grand bruit, que nous appelons tonnerre. »

De Morveau, à l'article *tonnerre*, objecte « que cette explication ne pourrait tout au plus s'étendre qu'aux phénomènes d'un tonnerre qui n'est pas accompagné d'éclairs. »

Je lis dans l'*Encyclopédie méthodique*, à l'article *Eclair*, ce qui suit : « Dès que, par un refroidissement ou par toute autre cause, l'air abandonne une portion de l'eau qu'il contenait, la vapeur aqueuse, en passant à l'état liquide, augmente d'intensité électrique, parce que l'électricité répandue sur la vapeur, dans tout l'espace qu'elle occupait, se portant tout entière sur la surface des globules d'eau qui viennent de se former, elle s'y concentre. Lorsque la différence d'intensité électrique est très-grande, et que la masse de l'électricité qui se distribue entre les globules est considérable, il se produit de la lumière et il se forme des éclairs. Alors le bruit du tonnerre est précédé de l'éclair; mais si la différence de l'intensité électrique des globules d'eau formés n'est pas considérable, le *bruit du tonnerre se fait entendre sans avoir été précédé d'éclairs* (8). »

Descourtilz, en parlant d'un ouragan qui eut lieu à Saint-Domingue, dit : « Le tonnerre qui, malgré le temps froid, *grondait sans éclairs* (9). »

Forster affirme que souvent, dans quelques tempêtes, on n'entend que le bruit du tonnerre (10).

(1) De magnete, etc., 1632, l. II, chap. II, p. 58.
(2) *Phil. trans.*, 1708, vol. XXVI, n° 314, p. 74 et suiv.
(3) *Id.*, 1735, t. XXXIX, p. 24; et *Phil. trans. abrégée*, vol. VIII, p. 404.
(4) *Leçons de physique*, 1748, 1re édit., t. IV, p. 344 ; et *Lettres sur l'électricité*, Paris, 1764, t. 1, p. 150.
(5) Mémoires sur la vie et les écrits de Franklin, publiés par W. T. Franklin. Paris, 1818, t. 1, p. 364,
(6) *Dissertation sur le rapport qui se trouve entre les phénomènes du tonnerre et ceux de l'électricité*, Bordeaux, 1750.
7) Some considerations on the causes of earth quakes, *Phil. trans.*, 1750, t. XLVI, p. 669, Read april 5, 1750.
(8) *Physique*, par Monge, Cassini, Bertholon et Hassenfratz, Paris, 1819, art. *éclair.*
(9) *Voyages d'un naturaliste*, Paris, 1819, t. I, p. 79.
(10) *Researches about atmospheric phenomena*, London, p. 71.

Schrenk, botaniste qui a voyagé dans les pays des Samoyèdes en 1837, dit que le 8 juin, sur les bords du Sylma (lat. 65 1/2 N.), le tonnerre se fit entendre avec pluie et sans *éclairs* (1).

Dans la notice sur la fréquence des orages dans les régions polaires que ce voyageur a publiée, il est souvent question du tonnerre, mais sans indication précise si le tonnerre était accompagné d'éclairs, excepté dans le cas rapporté ici.

J'ai signalé plus haut l'erreur à laquelle on s'exposerait, d'après Arago, en allant chercher les exemples de jours sereins accompagnés de tonnerres dans les pays sujets à de forts tremblements de terre. Eh bien, dans les régions polaires où les tremblements de terre sont moins fréquents, il existe cependant d'autres causes qui peuvent induire les observateurs en erreur, par rapport aux tonnerres sans éclairs, soit par un ciel serein, soit par un ciel couvert. Ces causes d'erreurs sont la chute des avalanches et le bruit ou les décharges que produisent les aurores boréales; l'une et l'autre peuvent, par la réflexion et la réfraction du son, prendre le caractère du roulement du tonnerre.

M. Lamé dit : « Les éclairs non suivis de coups de tonnerre sont plus fréquents que des coups de tonnerre sans éclairs (2). »

M. Dove, après avoir parlé des éclairs sans tonnerre, ajoute : « On entend aussi le tonnerre sans voir d'éclairs (3). »

M. Ramon de la Sagra, un des savants qui a le plus contribué à faire connaître l'île de Cuba sous le rapport scientifique, fait la remarque suivante : « Nous en avons eu quelques-uns (des orages), dans lesquels la foudre ou la décharge électrique s'est échappée de l'extrémité d'une nuée, le ciel restant d'ailleurs parfaitement clair. Dans ces occasions, nous ne pûmes apercevoir l'éclair, l'explosion étant inattendue et l'atmosphère se trouvant brillamment illuminée par la présence du soleil, l'impression reçue par l'oreille étant le seul avertissement que l'on eût de la décharge. Nous ne croyons pas néanmoins pour cela que l'éclair ait cessé d'avoir lieu. C'est à cette cause que nous attribuons l'indication de tonnerres sans éclairs, mentionnés par Thibaut de Chanvalon et cités dans le mémoire de M. Arago (4). »

« 1814, 6 novembre, 5 heures 45 minutes du matin, à Lyon et sur toute la ligne de Mâcon à Vienne, deux fortes secousses dans la direction de l'ouest à l'est, précédées *d'une forte détonation sans éclairs*. Avant et après, il est tombé beaucoup de pluie (5). »

Doit-on considérer cette détonation comme provenant d'un coup de ton-

(1) *Edimb. philos. journ.*, juillet 1840. — *Bibliothèque universelle de Genève*, 1840, t. XXX, p. 407.
(2) *Cours de physique de l'École polytechnique*, Paris, 1840, t. III, p. 89.
(3) *Repertorium der physik*, Berlin, 1841, t. IV, p. 268.
(4) *Hist. phys., polit. et nat. de l'île de Cuba*, trad par Berthelot, Paris, 1842, t. I, p. 221.
(5) Alexis Perrey, *Mémoire sur les tremblements de terre du bassin du Rhône*, publié dans les *Annales de la Société d'agriculture, etc., de Lyon*, 1845, t. VIII, p. 312.

nèrre ou de bruits analogues qui accompagnent souvent les tremblements de terre? C'est le cas de rappeler ici l'observation d'Arago signalée plus haut. « Au commencement de septembre 1814, près d'Alais (Gard), on entendit, ajoute M. Al. Perrey dans une note, comme des décharges d'artillerie par intervalles, pendant 24 heures, puis une forte détonation qui fut suivie d'un affaissement de terrain dans un champ de blé. »

M. le docteur Foissac dit : « Nous avons reconnu qu'il se produit quelquefois des éclairs sans tonnerre ; nous ne ferons pas davantage difficulté d'admettre qu'il peut survenir du *tonnerre sans éclairs.* »

M. Foissac cite ensuite, à l'appui de son opinion, les deux cas de tonnerre sans éclairs mentionnés par James Bruce et Volney et l'assertion de Sénebier; puis il ajoute : « Cependant il peut arriver qu'en pareil cas l'éclair n'ait point été aperçu. Chez les anciens, ce phénomène devenait le sujet d'interprétations superstitieuses (1). »

Cependant, l'attention de M. Foissac n'a pas été attirée sur les tonnerres sans éclairs par un *ciel serein;* car je n'ai rien trouvé dans l'ouvrage de ce savant à cet égard ; dans le passage que je viens de citer, l'état du ciel n'est pas même indiqué.

Dans la lettre que M. Antoine d'Abbadie, correspondant de l'Institut, m'écrivait d'Urrugne à la date du 18 avril 1855, dont j'ai déjà fait mention dans mon Mémoire sur les *éclairs sans tonnerre,* ce savant me disait : « J'ai très-souvent observé le tonnerre sans éclair. Le 2 février 1843, j'en entendis 20 coups de suite et de jour sans autre qu'*un seul éclair.* Le 16 août 1843, le tonnerre gronda dans une nuit des plus sombres sans éclair visible. Le 22 septembre 1845, vers une heure de l'après-midi, un tonnerre très-faible se fit entendre à plusieurs reprises au sein d'un nuage *presque transparent,* sans éclair et sans pluie. J'ai observé ce phénomène par un horizon serein. »

La diaphanéité du nuage dont parle M. d'Abbadie consistait en ce qu'il contenait un plus grand nombre de *vapeurs transparentes ou élastiques,* lesquelles étant trop dilatées par la température de l'air ne purent se condenser en vésicules opaques pour constituer des nuages visibles. Ces nuages semi-transparents, selon la quantité de vapeurs élastiques ou de vésicules opaques qu'ils contiennent, sont très-fréquents sous un ciel d'un blanc mat. C'est cet état de diaphanéité des nuages qui peut avoir échappé à une multitude d'observateurs anciens et modernes doués d'un œil moins exercé dans l'observation des phénomènes atmosphériques que celui de M. d'Abbadie, qui a pu constater la présence du nuage. Or, de tels nuages auront été probablement pris comme constituant un ciel serein.

« Y a-t-il jamais des tonnerres sans éclairs? » Telle est la question que se pose M. Arago, à laquelle il répond : « Sénèque assure qu'il tonne quelquefois sans qu'il éclaire »(Quest. nat., liv. II, § 18). J'ai honte d'avouer que pour l'Europe je serai presque *réduit* à l'assertion de Sénèque. Les tonnerres sans éclairs, malgré les points de théorie dont ils peuvent fournir la solution, ont peu excité l'attention des observateurs; leurs registres n'en font jamais mention. Au surplus mes citations, en quelque lieu que je doive les prendre,

_____

(1) *De la météorologie dans ses rapports avec la science de l'homme,* Paris, 1854, t. 1, p. 166.

ne pourront guère laisser de doute sur la généralité du phénomène (1). »

M. Arago place à la suite les trois cas de tonnerres sans éclairs signalés par Chanvalon à la Martinique, et le cas observé par James Bruce, les seuls dont il ait eu connaissance ou du moins dont il ait fait mention dans le chapitre XIII sur les éclairs sans tonnerre par un ciel couvert. Je dois faire observer que le passage de Sénèque, liv. II, § 18, que M. Arago attribue à ce phénomène, appartient à Anaximandre, disciple de Thalès fondateur de l'école grecque de Milet (2). Ce passage est tiré du même paragraphe de Sénèque d'où M. Arago a pris la citation d'Anaximandre, signalée dans son chapitre XV, sur le tonnerre par un temps parfaitement serein.

CHAPITRE III.

Tonnerres sans éclairs observés à la Havane par un ciel nuageux (3).

1. – *Tableau qui donne le nombre de jours et de mois dans lesquels il y eut des tonnerres sans éclairs, à la Havane, du 15 juillet 1850 au 11 juillet 1851.*

Mois.	Jours de tonnerre.	Mois.	Jours de tonnerre.
Juillet 1850 (du 15). .	9	Février 1851.	0
Août.	10	Mars.	2
Septembre.	9	Avril.	0
Octobre	2	Mai	0
Novembre	0	Juin.	9
Décembre	0	Juillet (jusqu'au 11). .	2
Janvier 1851.	1		

Total. . . . . . . 44 jours de tonnerres sans éclairs.

(1) OEuvres citées, p. 84.

(2) Dans l'école de Thalès, qui précéda celle d'Athènes, la physique et la météorologie firent peu de progrès. Cette école, dont Archélaüs fut le dernier physicien, devint à Athènes, sous les auspices des sophistes Socrate et Platon, purement morale. Cependant Platon sentit, plus que son maître Socrate, la nécessité d'y ramener le goût de la physique ; mais ce ne fut que sous l'impulsion systématique de l'école d'Aristote que les connaissances physiques, biologiques et sociologiques, furent considérées sous un nouveau jour. Quant à l'école contemporaine de Pythagore, à Crotone, elle fut le lien de l'une à l'autre et la plus sociale. Rome est la seule contrée qui présente des traces de la physique et de la météorologie pendant la durée du premier siècle de notre ère. Sénèque consacra à leur culture quelques moments de sa vieillesse, en témoignant le regret d'avoir employé à des études frivoles les plus beaux jours de sa jeunesse. « Plein de ces élans hardis et lumineux, comme observe très-bien Lagrange, il est toujours plus près de la vérité lorsqu'il marche sans autre guide que son génie et qu'il secoue entièrement le joug de l'autorité, que lorsqu'il suit les traces des philosophes. » Gassendi et Descartes, contemporains et compatriotes à la fois, qui tentèrent de rattacher, ainsi qu'Aristote, tous les phénomènes météorologiques à un principe unique, ont à peu près suivi la voie déjà tracée par ce grand novateur ; mais à Descartes revient la gloire d'avoir profondément ébranlé, en physique et en biologie, l'école métaphysique, et posé la première base de la méthode positive. Cependant jusqu'à l'école de Franklin, époque à laquelle l'analogie entre l'électricité et la foudre fut scientifiquement reconnue, il est facile de voir que durant cette longue période, depuis Aristote, l'interprétation de la plupart des météores n'a presque pas avancé. Peltier fut le premier et le dernier systématisateur durant ce siècle, surtout pour l'ensemble des phénomènes qui se rattachent aux manifestations électriques de l'atmosphère. Mais la systématisation générale des phénomènes de la physique terrestre ne pourra être rationnellement établie qu'au point de vue de la fondation de la *synthèse subjective*.

(3) *Comptes-rendus de l'Académie des sciences*, t. XLIII, p. 698, 1856.

On aperçoit, d'après ce tableau, que la distribution mensuelle des tonnerres sans éclairs suit la même loi que j'ai indiquée dans mon Mémoire sur les éclairs sans tonnerre, c'est-à-dire que la plus grande fréquence des tonnerres sans éclairs, ainsi que des éclairs sans tonnerres a lieu de juin à octobre, et qu'après cette époque ils cessent presque subitement. Le mois qui a donné le plus grand nombre de tonnerres sans éclairs a été août, puis juin, juillet et septembre. Je ferai ici la même remarque que j'ai faite dans mon Mémoire sur les éclairs sans tonnerres, c'est qu'il est vraiment fâcheux que cette courte période d'une année soit la seule pour laquelle on possède des observations sur les tonnerres sans éclairs d'une assez grande abondance à la Havane.

II. — *Tableau qui indique la direction des tonnerres sans éclairs et le nombre de fois qu'ils eurent lieu dans la même direction.*

Direction.	Cas.	Direction.	Cas.
NE.	2	SO.	2
E.	4	O.	2
SE.	4	NO.	2
S.	6		
Total.			22 cas de tonnerres sans éclairs.

En comparant le nombre de points de l'horizon dans lesquels les tonnerres sans éclairs eurent lieu, d'après ce tableau, avec ceux qui donnèrent des éclairs sans tonnerre, indiqués dans mon Mémoire cité, on observe que le N, ESE, SSE, et SSO, n'ont pas donné de tonnerres sans éclairs, pendant que dans ces directions il y eut des éclairs sans tonnerre. Les points de l'horizon qui ont fourni le plus grand nombre de tonnerres sans éclairs sont surtout le S, ensuite l'E et le SE; les autres directions ont donné un égal nombre de cas. C'est encore vers l'E que les tonnerres sans éclairs ont été plus abondants. Je n'aurai ici, comme je l'ai fait pour les éclairs sans tonnerre, aucune circonstance particulière par rapport à la distribution des tonnerres sans éclairs selon les principaux points de l'horizon, à cause du petit nombre de cas que présente le tableau ci-dessus.

3

III. — *Tableau sur la distribution horaire des cas de tonnerre sans éclairs qui eurent lieu pendant chaque mois de l'année.*

Mois.	Avant midi.	A midi.	Après midi.	Av. et après midi.	Le soir.	Total.
Juillet 1850 (du 15)	0	0	8	0	2	10
Août	2	1	9	0	0	12
Septembre	1	0	7	1	1	10
Octobre	0	0	2	0	0	2
Novembre	0	0	0	0	0	0
Décembre	0	0	0	0	0	0
Janvier 1851	0	0	1	0	0	1
Février	0	0	0	0	0	0
Mars	0	0	2	0	0	2
Avril	0	0	0	0	0	0
Mai	0	0	0	0	0	0
Juin	1	2	9	0	0	12
Juillet (jusq. 11) . .	0	0	2	0	0	2
Résumé de l'année.	4	3	40	1	3	51

On voit, par ce tableau, que le nombre de cas de tonnerres sans éclairs qui eurent lieu après la culmination du soleil, dépasse considérablement celui des autres époques de la journée. J'ai déjà signalé cette même loi dans la distribution horaire des pluies à la Havane, pendant la même période du 15 juillet 1850 au 11 juillet 1851 (1), où les pluies sont ainsi distribuées :

Avant midi.	10 cas de pluie.
Après midi.	82 —
Avant et après midi. .	21 —
Soir (à partir de 8 heures)	34 —

Ces observations, comme on le voit, s'accordent parfaitement bien avec celles de Mutis, de Humboldt, de Boussingault, etc., qui ont reconnu que la saison des orages, pour un lieu situé entre les tropiques, commence précisément à l'époque où le soleil s'approche du zénith. « Toutes les fois que la latitude d'un point de la zone équinoxiale, dit M. Boussingault, est de même dénomination et égale à la déclinaison du soleil, il doit se former un orage sur un point (2). » Olbers avait aussi avancé que sous les tropiques, la chaleur, la pluie, les vents, etc., dépendent uniquement de la distance du soleil au zénith.

Des trois cas de tonnerre sans éclairs indiqués après le coucher du soleil, dans le tableau ci-dessus, deux eurent lieu à 9 heures du soir et le troisième de 8 à 9 heures.

(1) *Comptes-rendus de l'Académie des sciences*, t. XL, p. 545.
(2) *Annales de chimie et de physique*, 1834, vol. LVII, p. 481.

CHAPITRE IV.

Essai théorique sur la nature des tonnerres sans éclairs par un ciel couvert ou serein.

Tonnerres sans éclairs par un ciel couvert.

Dans l'explication de l'origine et de la nature des tonnerres sans éclairs, j'adopterai ainsi que je l'ai fait pour les éclairs sans tonnerre, les vues de Peltier sur la constitution des nuages orageux, qui me paraissent, dans l'état actuel de la science, pouvoir mieux rendre compte de ces météores.

Pour qu'on puisse se former une idée exacte de la théorie générale de Peltier sur la cause des phénomènes électriques, naturels et artificiels, d'après la constitution moléculaire des corps, j'entrerai dans quelques préliminaires à cet égard (1). Je dirai donc que Peltier distingue dans un atome à l'état naturel et d'équilibre trois choses qu'il faut. selon lui, toujours soigneusement distinguer : 1° l'atome pondérable et purement matériel ; 2° la sphère éthérée qu'il maintient coercée autour de lui, et dont l'étendue et la densité sont appropriées à sa puissance coercitive; 3° enfin, les mouvements qui ont lieu dans cet éther, et qui sont coordonnés suivant des plans déterminés.

Les atomes, en se groupant, forment des molécules secondaires ; les molécules secondaires à leur tour, en se groupant, forment des particules tertiaires, etc. Chaque atome a sa sphère éthérée propre ; les molécules secondaires ont également la leur, les particules tertiaires de même, etc. Enfin, le corps tout entier est enveloppé à son tour par une sphère éthérée générale (2).

Cette manière d'envisager la constitution intime des corps est tout à fait analogue à celle dont Peltier a considéré la constitution des nuages chargés d'électricité.

La plupart des auteurs ont admis que les petits corps sphériques qui constituent les nuages opaques sont formés d'une vésicule mince d'eau liquide, contenant un gaz ou une vapeur plus légère que l'air, qui compensait la pesanteur spécifique de l'enveloppe ; cette hypothèse n'est nullement vraisemblable selon Peltier. Désaguliers (3), Eeles (4) et Monge (5) ont prouvé depuis longtemps que de telles vésicules ne pouvaient exister sous la pression atmosphérique et à la basse température des couches où se tiennent les nuages.

---

(1) Quoique je ne partage pas les idées de Peltier sur l'*existence* de la matière éthérée, cependant, en modifiant le principe, les conséquences qu'il en tire me paraissent exactes. J'exposerai mes propres vues dans un travail d'ensemble que je ferai prochainement connaître.

(2) *Mémoires des savants étrangers de l'Académie des sciences de Bruxelles*, t. XIX, p. 1-69. — *Vie et travaux de J.-B.-A. Peltier*, par son fils, Paris, 1847, p. 152.

(3) *Cours de physique expérimentale*, t. II, 10° leçon.

(4) *Phil. trans.*, 1755, t. LXIX, p. 126 et suiv.

(5) *Annales de chimie*, 1800, t. V, p. 1 et suiv.

D'après les observations de Peltier, il y a d'ailleurs une considération importante qui milite contre l'état vésiculaire. En étudiant ces prétendues vésicules, soit au milieu d'un brouillard, soit au-dessus de l'eau chaude, et en se plaçant dans les circonstances les plus favorables, on voit que ces petits corps sont mamelonnés et non lisses comme doivent être des vésicules. Si on les observe sous un rayon lumineux, en tenant l'œil dans l'obscurité, on remarque qu'elles ne réfléchissent pas la lumière spéculairement, mais qu'elles la dispersent, que leur aspect est mate et non brillant.

Avec un grossissement de 8 à 10 diamètres, on voit que ces corps sont formés par la réunion de globulins plus petits; ces globulins, présentant eux-mêmes une lumière mate et dispersée, doivent être également formés par la réunion de globulins plus petits encore. Pendant leur agitation par le vent ou au-dessus d'un vase d'eau chaude, tous ces globules se maintiennent isolés les uns des autres, et ne paraissent jamais s'atteindre. Lorsqu'ils retombent sur la surface du liquide, on les voit rouler et souvent rebondir comme de petites balles.

Cet isolement des globules se fait parfaitement remarquer lorsqu'ils sont chargés d'une électricité libre, soit en les suivant à la loupe, soit en recueillant leur effet sur la boule d'un électromètre. Ce dernier se charge en raison du nombre de contacts de ces globules; dans un air calme la divergence de l'instrument placé au milieu d'un brouillard s'opère lentement; si au contraire le brouillard se déplace, les feuilles indicatrices vont frapper les armatures plusieurs fois par minute pour s'y décharger.

Cet isolement des globules les uns des autres, toujours maintenu au milieu des agitations de l'air qui les fait tourbillonner en tous sens, prouve que chacun de ces globules possède une force spéciale qui l'individualise et le tient à distance de ces congénères; force de la nature de celle de l'électricité, mais qui n'en mérite pas le nom, puisqu'elle ne produit aucun des phénomènes extérieurs auxquels on l'a réservée.

Pour bien comprendre les phénomènes électriques des nuages et en suivre les développements, il faut se familiariser avec l'idée de ces individualités de chacune des constituantes des vapeurs opaques et transparentes. Ces individualités sont aussi nombreuses qu'il y a d'atomes, de molécules, de particules, d'agglomérations parcellaires, depuis le plus petit flocon jusqu'au plus gros cumulus, toutes agissant par leur propre force sur les parcelles voisines, avec lesquelles elles forment des corps vaporeux, liquides ou solides.

Un nuage est donc ainsi composé. Les globules opaques sont groupés par petits flocons, ayant leurs limites et leurs sphères d'action comme les globules eux-mêmes. Les petits flocons en se groupant forment des flocons plus gros, ceux-ci des mamelons; un certain nombre de mamelons par leur réunion forment une muelle, les muelles à leur tour forment des nuages définis; le groupement des nuages définis forme un cumulus, et plusieurs cumulus enfin un nimbus. Pour bien comprendre les phénomènes électriques des nuages, je le répète, il faut donc s'habituer à les concevoir comme formés d'une foule *d'individualités* ayant toutes leurs sphères électriques parti-

10 mai 1774 : mort de Louis 15 et avènement de Louis 16 agé
de 20 ans, 69 mme rot de France, agé de 20 ans.
ministère. Maurepas, de Vergennes, Malesherbes, Turgot, duc de
Miromenil, etc.

12 novembre 1774. réinstallation du Parlement.
Malesherbes et Turgot sortent du ministère.

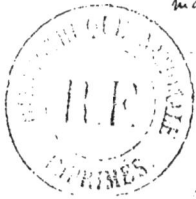

Monsieur et Madame Feroux ont l'honneur
de vous faire part du Mariage de Mademoiselle Virginie
Marie Feroux, leur fille, avec Monsieur Jean-Baptiste
Dollé.

Et vous prient d'assister à la Bénédiction nuptiale qui
leur sera donnée le Samedi 2 Mai 1857, à 11 Heures, en
l'Eglise paroissiale de Bonne Nouvelle.

l'éclair au contraire dépend de la quantité
électricité.

Dans une projection de la foudre il y a tout
à fois une grande quantité d'électricité en
mouvement et une projection rapide, il y aura
éclair très brillant et un coup de tonnerre
fort.

la projection est très lente et la quantité
électricité en mouvement considérable il pourra
voir éclair sans tonnerre.

au contraire la projection est très rapide et
quantité d'électricité en mouvement médiocre
pourra y avoir tonnerre sans éclair.

éclair sans tonnerre doivent presque toujours
voyager ou trouver
à lieu à la périphérie des nuages orageux.
tonnerre sans éclair presque toujours dans leur
cœur et de nuelle à nuelle.

Les éclairs sans tonnerre — ont presque toujours
à la périphérie des nuages orageux; c'est en effet
à la périphérie des nuages que la quantité d'Él.
est la plus considérable.

Lors donc que la périphérie du nuage orageux
sera médiocrement Conductrice, et que le nuage
en regard la sera aussi à elle, l'Électricité
du nuage orageux accumulée sur ses bords, ne pourra
alors, ni se décharger par un point unique, ni
se projeter rapidement. Elle ne pourra que s'
avec une Certaine lenteur relative — d'où result
l'éclair sans tonnerre.

Les tonnerres sans éclairs ont presque toujours lieu
de nuelle à nuelle.

En effet dans les nuelles la quantité d'Électricité
accumulée à la périphérie de chaque nuelle est
petite que à la périphérie générale du nuage même
toute proportion gardé à la différence d'étendu
— l'nuelle et le nuage, mais la tension la

Il ne peut pas y avoir de transport d'Electricité dans matière pondérable qui la coerce. Lors donc qu'il y a une projection d'Electricité, il y a en même temps projection de matière pondérable. Cette matière pondérable animée d'un mouvement rapide au moment de la projection comprime l'air dans direction qu'elle suit, en le poussant devant... Conséquemment elle produit un vide en... L'air situé latéralement à la direction a suivi la matière pondérable se précipite dans vide, heurte l'air qui arrive par le côté opposé; à une vibration sonore qui constitue le bruit de ... ou tonnerre.

plus la projection de matière pondérable aura été rapide, plus vide laissé en arrière sera grand, et conséquemment plus l'éclat de bruit sera considérable.

Bruit de la foudre, autrement dit le Tonnerre, donc dans la rapidité de la projection pondérable, et par suite de la ... Electrique sur le point de la projection.

Lorsque la rapidité de la projection diminue
l'étendue du vide laissé en arrière par la
matière pondérable dans son mouvement en avant
diminue; Conséquemment la portion d'air
qui rentre dans ce vide et va heurter celle du
côté opposé qui rentre en même temps qu'elle
diminue; par suite le bruit produit par le
choc et la vibration qui en résulte diminue
à son tour.

Si donc la rapidité de la projection va toujours
s'atténuant, le bruit de la foudre ou le
tonnerre ira toujours s'amoindrissant.

Lors donc qu'il y aura des projections relativement
lentes il y aura des écoulements d'Électricité
sans bruit et sans tonnerre.

Le tonnerre dépend donc de la rapidité de
la projection.

chargés d'Electricité. par suite il pourra
y avoir une projection rapide et conséquemment
un bruit retentissant, un véritable éclat de
tonnerre, mais ton éclair par ce que la quantité
d'Electricité en mouvement sera relativement
minime.

je résumé

les éclairs sans tonnerre ont presque toujours lieu
à la périphérie des nuages orageux parce que
l'Electricité y est en grande quantité, et n'ont
que rarement lieu dans leur intérieur par ce que
la quantité d'Electricité accumulée à la périphérie
est moindre en beaucoup, mais... peuvent...
... gardé quelle quantité d'Electricité
... à la périphérie des nuages.

inverse est vrai pour le tonnerre sans éclair.
ont presque toujours lieu de nuelle à nuelle
... les quantités d'Electricité qui se trouve à leur
... ont relativement petites.

culières et indépendantes, en équilibre de réaction entre elles, et en équilibre aussi de réaction avec la sphère générale extérieure du nuage. Ce n'est que par ce moyen qu'on pourra parvenir à concevoir différents phénomènes, tels, par exemple, que le roulement du tonnerre et la puissance énorme d'attraction de certains nuages.

Maintenant ces données ont servi de bases nouvelles à Peltier, dans l'interprétation de la plupart des météores, d'après trois faits qu'il faut bien distinguer. Le premier fait est l'action statique de l'électricité des vapeurs, ce sont ces attractions ou ces répulsions qu'éprouvent les corps environnants suivant qu'ils sont chargés d'une électricité contraire ou d'une électricité semblable. Ces effets résultent de la quantité prodigieuse d'électricité dont les vapeurs peuvent être chargées et dont leur puissante action porte la perturbation sur l'atmosphère environnante.

La tension électrique seule ne pourrait rendre compte de la persistance des actions, seule elle ne pourrait suffire à toutes les parties des phénomènes complexes qui nous entourent ou qui frappent nos yeux. Pour satisfaire aux conditions imposées par les faits naturels, Peltier remarque qu'il faut admettre que les particules de vapeurs gardent une portion de leur indépendance, de leur isolement, et que la quantité d'électricité qui les entoure et qu'elles entraînent, est conservée en partie plus ou moins grande, suivant leur raréfaction ou leur condensation. Il en résulte donc qu'un nuage a deux sortes de tensions électriques, deux forces avec lesquelles il agit sur l'atmosphère ambiante et sur les corps voisins ; l'une appartenant à *la quantité d'électricité qui est coërcée à la périphérie*, l'autre appartenant à *la quantité gardée autour de chaque particule* (1).

Telle est la seconde base sur laquelle repose la théorie de Peltier, laquelle, ajoute ce savant, est trop en harmonie avec ce que nous connaissons de la constitution des vapeurs et des phénomènes météorologiques, pour qu'on puisse balancer longtemps à l'admettre. Du reste Peltier rapporte une expérience qu'il a faite qui prouve la double influence de l'électricité de chacune des particules, qui les repousse et les tient à distance, et de l'électricité de la surface qui les rapproche, les groupe et les maintient en corps, tout en laissant à chaque particule son individualité, si la tension extérieure est modérée et proportionnée à celle de l'intérieur, et enfin les rapproche jusqu'à la condensation liquide, si la tension extérieure est très-puissante (2).

Le troisième fait sur lequel Peltier appuie sa théorie est tout à fait nouveau : c'est l'existence des vapeurs transparentes ou élastiques qui se groupent en nuages comme les vapeurs opaques, et dont la dissémination ne trouble pas la pureté de l'air.

D'après les données ci-dessus qui complètent celles que j'ai déjà signalées dans mon précédent travail sur les éclairs sans tonnerre, on peut se former une idée assez exacte des principes de Peltier sur la cause générale des phénomènes électriques, ainsi que sur la constitution intime des nuages ora-

(1) *Météorologie électrique, Archives de l'électricité*, 1844, t. IV, p. 177-184.
(2) *Sur la formation des trombes*, Paris, 1840, introd., p. xiij, et p. 491.

geux. Maintenant l'origine des tonnerres sans éclairs, ainsi que je pense l'avoir démontré par les éclairs sans tonnerres, découle naturellement de ce même principe; mais avant d'attaquer cette question il faut se rendre compte de l'expérience suivante de Peltier, qui prouve que les décharges périphériques sont précédées d'une quantité considérable de petites décharges particulières dans l'intérieur des nuages.

Peltier fixe un électromètre armé d'une grosse boule de métal poli, à un mètre cinq décimètres au-dessus de son observatoire, dont le terrasson est à 28 mètres 19 centimètres au-dessus du sol, et parfaitement dégagé de toute influence latérale. Lorsque le ciel est couvert de nuages orageux, on voit les feuilles d'or diverger brusquement et par *secousses*, sans qu'il y ait d'*éclairs ni de tonnerre*. Elles vont souvent frapper les armatures et y décharger leur électricité; souvent aussi, après avoir divergé, elles tombent tout à coup à zéro, et s'écartent peu de temps après sous une *nouvelle et brusque influence*. Lorsque les feuilles ont subi pendant un certain temps ces influences intermittentes, et qu'elles ont touché les armatures un grand nombre de fois, *un coup de tonnerre se fait entendre, l'éclair va frapper* un autre nuage ou le sol voisin, le calme paraît se rétablir pour un instant dans l'électromètre; mais bientôt les mêmes divergences *reparaissent*, les sauts brusques des feuilles d'or les projettent contre les armatures, la périphérie du nuage se recharge d'électricité, et une nouvelle étincelle en jaillit comme la première fois, pour aller frapper le corps le plus à sa proximité.

Ce jeu des influences électriques se reproduit pendant tout le temps d'un orage et dans les instants qui précèdent la décharge de la périphérie. Les appareils fixes, destinés à recueillir les courants électriques, ont présenté à Peltier les mêmes preuves de décharges intérieures; l'aiguille du rhéomètre est toujours en mouvement, ses oscillations perpétuelles et ses mouvements prouvent également qu'il y a des séries d'équilibrations continuelles entre les diverses parties du nuage, avant que la décharge de la périphérie ait lieu par un coup de tonnerre, ou par un tourbillon de vent. Lorsque l'instrument est placé au milieu d'un nuage ou d'un brouillard poussé par le vent, on remarque aussi combien la divergence de l'électromètre varie avec le passage des flocons et des mamelons opaques. Dans ce cas, il n'est même plus besoin que le nuage soit orageux; tout nuage, comme tout brouillard, produit cet effet, mais il faut interroger ce dernier le plus haut possible; les portions basses, étant trop humides et trop conductrices, ont perdu plus ou moins complétement leur électricité, qui s'est écoulée dans le centre commun.

Ces expériences prouvent, ainsi que l'a avancé Peltier, qu'un nuage n'est pas constitué comme une sphère métallique qui a toute son électricité à la périphérie; l'électricité qui l'enveloppe et lui forme une sphère extérieure, n'est qu'une portion de la masse totale que renferme le nuage; cette sphère extérieure se reproduit après chaque décharge, au détriment des quantités coërcées par chacun des corps ou corpuscules qui concourent à former le nuage entier. Donc un nuage peut être considéré comme formant une ag-

(1) *Archives de l'électricité*, 1844, vol. IV, p. 180-181.

glomération de corps distincts, individuels, possédant tous leur charge électrique.

Ces faits étant bien établis, maintenant il nous reste à considérer la manière dont Peltier explique la formation des *éclairs diffus*, qui correspondent à la seconde classe d'éclairs de la division d'Arago. Peltier comprend donc, dans la première espèce d'éclairs, les liserés de feu qui apparaissent tout à coup aux bords des nuages, dont ils ne se séparent pas ; ces nuages paraissent alors limités par un long sillon de feu, éblouissant de lumière. De ces liserés lumineux s'échappent des milliers de rayons très-déliés et phosphorescents se dirigeant vers une autre nue ou vers le sol humide, placé au-dessous, d'où l'on voit s'élever une vapeur continuelle. L'éclat de leur lumière n'est point toujours le même ; on y distingue des ondulations qui donnent à ces liserés lumineux l'aspect d'un ruisseau de feu agité par les vents, et dont les vagues altèrent l'uniformité de la lumière. Il n'est pas rare de voir des nuages orageux ainsi limités par un sillon de feu s'étendre à plusieurs kilomètres. Lorsque des nuages interceptent leur vue, ajoute Peltier, on ne voit plus qu'une longue illumination réfléchie qui apparaît et s'éteint tout à coup : ce sont les éclairs les plus ordinaires, parce que ces phénomènes se passent aussi le plus ordinairement entre les nuées du groupe orageux.

Voici maintenant la théorie de Peltier sur ces éclairs diffus qui doit nous fournir également l'explication des *tonnerres sans éclairs*. Cette décharge, dit-il, a lieu le long des nues orageuses, lorsque le nuage en regard qui reçoit ces décharges *n'est pas suffisamment conducteur* pour donner un libre écoulement instantané à ces masses d'électricité. L'électricité du nuage orageux, accumulée sur les bords, ne peut donc se décharger tout à la fois, ni se décharger sur un point de ce conducteur insuffisant ; elle ne peut que s'écouler par des milliers de rayonnements partiels partant le long du bord, et non par un sillon unique (comme c'est le cas dans les éclairs en zig-zag d'après Peltier). Cependant l'abondant écoulement électrique qui s'exécute sur un long espace aurait bientôt déchargé le liseré lumineux, si le reste de l'électricité périphérique n'abondait pas rapidement et dans la même proportion. Enfin, lorsque la charge périphérique est épuisée, ou lorsque le nuage soutirant est saturé de la même électricité, le phénomène lumineux s'arrête, et il n'est reproduit que lorsque la tension périphérique s'est reconstituée au détriment des charges partielles intérieures de la nue orageuse, ou bien encore, lorsque la surcharge du nuage voisin et soutirant a trouvé un moyen d'écoulement.

Ces éclairs diffus diffèrent dans leur formation des éclairs en zig-zag, d'après Peltier, en ce que, pour que ces derniers aient lieu, il faut d'abord que le nuage ou le corps voisin soutirant *soit suffisamment conducteur* (contrairement au nuage en regard qui reçoit la décharge de l'éclair diffus, qui doit être très-peu conducteur pour ne point donner un libre écoulement instantané par un sillon unique à la masse d'électricité du nuage orageux), pour donner un écoulement instantané à toute la décharge. Si la propagation du sillon de feu se fait à travers une atmosphère humide, sa trajectoire est droite ou très-peu ondulée ; les obstacles, affaiblis par les vapeurs, ont été facilement vaincus. Mais si le milieu aérien est loin de la saturation, la trajectoire, au lieu d'être droite, se propage en zig-zag.

Peltier n'ayant point abordé la question théorique des éclairs sans tonnerre et des tonnerres sans éclairs, cependant, d'après ses principes sur la constitution électrique des nuages orageux et sur la nature des éclairs ordinaires, du tonnerre et de la foudre, on peut tirer une explication assez rationnelle qui fournirait, sinon la véritable solution du problème, du moins servirait à jeter quelque lumière sur l'origine de ces manifestations électriques plus compliquées qu'on ne serait porté à le croire au premier abord. Ne serait-ce que pour répondre à la remarque faite par M. Arago que : « les tonnerres sans éclairs, malgré les points de théorie dont ils peuvent fournir la solution, ont peu excité l'attention des observateurs ; leurs registres n'en font jamais mention. »

Mais, pour se faire une idée exacte de l'hypothèse que j'avance, il faut tenir compte des quatre propositions suivantes de Peltier, que je résume de nouveau :

1° Que le roulement et le ronflement du tonnerre sont dus à des décharges multipliées en tout sens entre les muelles, leurs mamelons et leurs flocons ;

2° Que l'éclair diffus est produit par des milliers de rayonnements qui partent le long du bord, lorsque le nuage orageux se trouve en regard d'un autre insuffisamment conducteur pour donner un libre écoulement instantané par un sillon unique à la masse d'électricité accumulée dans le premier nuage ; ce qui, dans ce dernier cas, constituerait l'éclair en zig-zag et non l'éclair diffus. Lorsque des nuages interceptent leur vue, on ne voit plus qu'une longue illumination réfléchie qui apparait et s'éteint tout à coup ;

3° Que la seconde espèce d'éclairs de Peltier comprend les sillons de feu qui se détachent complétement du nuage et s'élancent vers un point en dehors de lui. Ils apparaissent comme un ruban de feu droit ou ondulé, sous la forme de zig-zag. Le nombre des déviations angulaires du sillon indique le degré de sécheresse du milieu parcouru ;

4° Que si les particules de vapeurs qui constituent le nuage orageux sont assez rapprochées pour que leurs sphères électriques se pénètrent profondément et que la répulsion de toutes ces sphères soit plus intense que l'attraction qui les retient à la vapeur, il résultera alors qu'une portion de l'électricité des particules intérieures se portera aux particules de la périphérie. Il se formera alors autour du nuage une couche électrique, comme il s'en forme autour des conducteurs ordinaires ; c'est cette tension électrique qui se trouve libre à la périphérie du nuage qui produit les décharges ignées, ou en d'autres termes la *chute de la foudre.*

Maintenant, la production des tonnerres sans éclairs est facile à concevoir si l'on considère que l'intérieur du nuage peut ne pas fournir d'écoulement électrique à la périphérie pour constituer l'éclair diffus par une multitude de rayonnements partiels, ainsi qu'il a été dit dans la seconde proposition. Il y

(1) *Dict. univ. d'hist. natur.* de d'Orbigny, Paris, 1844, art. *foudre*, t. **v**, p. 687-688. — *Vie et travaux de J.-C.-A. Peltier*, par son fils F.-A. Peltier, Paris, 1847, p. 308-310.

aurait donc alors *tonnerres sans éclairs* par les décharges multipliées en tous sens entre les muelles, leurs mamelons, etc., d'après le principe de la première proposition.

En résumé, le *tonnerre avec éclairs* peut être produit par les décharges internes pour le premier, et par les décharges périphériques du nuage pour le second. L'éclair sera *diffus* si le nuage en regard est mauvais conducteur, et il sera en *zig-zag* s'il est bon conducteur, ou si l'écoulement électrique vers la périphérie du nuage est trop considérable ou possède une très-grande tension; l'éclair peut passer successivement de l'état diffus à l'état de zig-zag ou constituer la chute de la foudre; car entre l'éclair en zig-zag et la chute de la foudre, il n'y a qu'un degré de plus de tension ou de quantité électrique qui se dégage du nuage; en d'autres termes, le zig-zag est une chute de foudre qui, par une plus faible tension, est impuissante à vaincre la résistance que lui oppose le milieu pour se propager jusqu'à terre. C'est une foudre céleste proprement dite. Maintenant s'il n'y a pas ou presque pas d'écoulement vers la périphérie, les attractions et répulsions de l'intérieur du nuage ne donnent lieu qu'à des effets *sonores*, au bruit et au roulement du tonnerre sans production d'éclairs, c'est-à-dire aux *tonnerres sans éclairs*. Si, au contraire, les parties internes du nuage sont trop dilatées, les décharges seront alors *silencieuses* par leur faible tension et on aura des *éclairs sans tonnerres*. Dans cette dernière circonstance, l'air peut devenir plus conducteur par la présence des vapeurs, et alors les décharges électriques n'atteindront plus la même tension que dans l'air sec, l'étincelle et l'explosion diminueront d'intensité. L'air, en s'approchant de la saturation, donnant un écoulement plus facile aux échanges électriques, l'étincelle disparaît, et la neutralisation se fait en *silence*.

L'hypothèse que j'avance sur la nature des tonnerres sans éclairs peut paraître douteuse au premier abord, mais si l'on réfléchit à l'expérience de Peltier signalée plus haut, dans laquelle il a vu les feuilles d'or de l'électromètre et l'aiguille du rhéomètre diverger et osciller brusquement et par secousses, *sans qu'il y ait d'éclairs ni de tonnerres*, il est facile de concevoir qu'avec un degré de plus de tension électrique dans le nuage orageux, ces attractions et répulsions électriques puissent donner lieu à des décharges *sonores*, mais sans productions d'éclairs par l'absence d'un écoulement électrique vers la périphérie, mais l'éclair peut se produire dès qu'il y aura un accroissement supérieur de tension électrique dans le nuage orageux. Du reste, Peltier fait bien sentir que ce jeu des influences électriques se reproduit pendant tout le temps d'un orage et dans les instants qui précèdent la décharge de la périphérie; puis un coup de tonnerre se fait entendre, l'éclair va frapper un autre nuage ou le sol voisin. Le calme paraît se rétablir pour un instant dans les instruments; mais bientôt les mêmes divergences reparaissent, les sauts brusques des feuilles d'or les projettent contre les armatures, la *périphérie* du nuage se *recharge* d'électricité, et une nouvelle étincelle en jaillit comme la première fois, pour aller frapper le corps le plus à sa proximité.

La filiation entre les diverses espèces d'éclairs et de tonnerres que je signale

4

ici, complète l'idée du rapprochement que j'avais établi dans mon précédent
Mémoire (1), en rapportant à un seul type la forme sinueuse et diffuse des
éclairs de l'atmosphère et les étincelles que l'on retire des appareils électriques. Toutes ces diverses modifications ne tiendraient qu'à une *variation*
de tension et de quantité électrique soit interne, soit périphérique, en rapport avec la densité et par suite avec la conductibilité du nuage même qui les
produit et celle du nuage en regard qui reçoit les décharges, ou en l'absence
de nuages inférieurs, de la terre possédant une tension contraire. En un
mot, j'ai appliqué ici le principe fécond signalé dans le premier paragraphe
de ce Mémoire : de rapporter les forces perturbatrices aux forces directrices,
d'après leur similitude, en liant partout les propriétés dynamiques des phénomènes à la structure statique des corps ou des milieux.

Je trouve encore dans cette expérience fondamentale de Peltier une double
application des influences électriques aux phénomènes dynamiques de la
biologie, phénomènes qui ont été très-peu étudiés jusqu'ici, et même empiri-
quement contestés par des auteurs qui ne s'en étaient pas rendu compte
d'une manière approfondie. Je veux parler de la faculté que possèdent certaines
personnes, douées d'une grande irritabilité nerveuse, de prévoir ou de sentir
la formation d'un orage quelque temps à l'avance, par un malaise général
qui s'empare d'elles, et est accompagné d'une grande gêne dans les organes respiratoires. Les mêmes symptômes se reproduisent lorsqu'un nuage
orageux traverse leur zénith, et pendant tout le temps qu'il demeure au-
dessus de leur tête. Dans l'état normal des tempéraments nerveux, les
femmes ressentent à un plus haut degré que les hommes ces influences électriques des nuages orageux. J'ai très-souvent fait cette remarque dans
divers pays d'Amérique et de l'Europe, par rapport aux deux sexes, même
dans l'état normal de santé.

Ce phénomène biologique est facile à concevoir si l'on tient compte de la
circonstance que les tempéraments nerveux sont plus irritables par l'action
du fluide électrique (2), et en général des agents extérieurs, que les tempéraments lymphatiques et sanguins, et que toutes choses égales d'ailleurs le tempé-
rament nerveux du sexe féminin l'est à un plus haut degré que celui du sexe
masculin. Donc cette irritabilité des *nerfs* aux jeux des influences électriques
qui se produisent dans les nuages orageux et qui précèdent leur décharge,
peut rationnellement se rapporter aux oscillations brusques et perpétuelles
qu'éprouvent les feuilles d'or de l'électromètre et l'aiguille du rhéomètre
sous la même influence.

Des conceptions biologiques de cette nature, loin d'être oiseuses, me sem-
blent devoir reposer nécessairement sur une double harmonie entre l'orga-

(1) Sur les éclairs sans tonnerre, *Annuaire de la Société météorologique de France*, 1855, t. III,
p. 372.

(2) Je possède une multitude d'exemples dans lesquels les symptômes éprouvés à la suite d'un
foudroyement se renouvellent encore à l'approche d'un orage, même plusieurs années après l'accident, et quelquefois durant toute la vie de la personne foudroyée. — Sur l'influence de l'électricité
atmosphérique sur l'organisme, voir l'abbé Bertholon, *de l'électricité du corps humain*, Paris,
1786, t. 1, p. 16-109 et d'autres passages.

nisme et le milieu, puis entre les organes et les fonctions, ou plutôt entre les agents et les actes. L'être étant alors apprécié quant à son propre ensemble, la seconde partie de la conclusion normale caractérisera directement sa subordination totale envers le milieu, étudié d'avance par la cosmologie. On construira aussi la théorie générale des milieux organiques, qui forme, en biologie, une branche toute moderne, dont il faut regarder Lamarck comme le vrai créateur, quoiqu'il l'ait trop liée à ses irrationnelles hypothèses sur la variabilité indéfinie des espèces (1).

Tonnerres sans éclairs par un ciel serein.

Quant aux tonnerres sans éclairs par un *ciel serein*, leur cause se rattache au même principe que j'ai signalé lorsqu'ils avaient lieu par un *ciel couvert*. L'unique différence que l'on peut rationnellement établir est qu'au lieu d'être produits par des nuages opaques et visibles, ils sont engendrés par des nuages ou des masses transparentes et invisibles. Les parties du nuage, sous cet état de transparence, se trouvant bien plus dilatées que lorsque leurs vésicules se sont condensées en vapeurs opaques, parfois les décharges internes qui produisent le bruit du tonnerre, ont lieu à l'instant où elles tendent à se rapprocher. C'est ce qui explique la remarque faite par plusieurs observateurs qu'un coup de tonnerre est très-souvent suivi de l'apparition subite d'un nuage là où le ciel était pur et serein quelques secondes avant la production du bruit. Le rapprochement, et par suite la condensation des vapeurs transparentes dans de telles circonstances n'a pu se faire sans développer une tension électrique suffisante pour être à la fois la cause et l'effet de leur condensation en vapeurs opaques. J'ai aussi vu des portions de nuages se former et d'autres disparaître subitement sur un ciel pur et serein.

C'est ainsi que l'étincelle électrique détermine la combinaison de l'oxygène et de l'hydrogène, en rendant incandescentes quelques-unes de leurs molécules. La même étincelle décompose une petite quantité d'eau, en la chargeant avec une plus grande quantité d'électricité que celle qu'elle peut transmettre. La chute de la pluie, et à plus forte raison, les averses multipliées et précédées d'un coup de tonnerre ou d'une décharge fulminante, sont probablement souvent dues à une action électro-chimique de cette nature. Je crois qu'il serait temps de faire intervenir dans l'évolution de certains phénomènes de la physique terrestre l'action électro-chimique des diverses combinaisons gazeuses de cet immense laboratoire, susceptibles d'agir à la fois sur la formation des météores et de réagir sur les êtres organiques, comme dans les combinaisons ou les mélanges de l'oxygène, de l'azote, l'hydrogène proto-carboné ou à l'état naissant, de l'ozone, du gaz acide carbonique, de l'acide nitrique, du nitrate d'ammoniaque, etc.

Dans la précipitation de la pluie il faut non-seulement tenir compte de cette action électro-chimique, mais encore de l'ébranlement que la décharge fulmi-

(1) Lamarck, *Philosophie zoologique*, Paris, 1809, p. 221. — Aug. Comte, *Système de politique positive*, Paris, 1851, t. 1, p. 665.

nante et le roulement du tonnerre produisent dans les couches orageuses. Alors par un effet purement mécanique, les petites bulles d'eau en suspension dans les nuages, se rassemblent et se réduisent en pluie. Cette dernière idée, quoique m'étant naturellement venue à la pensée, n'avait pas cependant échappé au raisonnement de l'érudit Scheuchzer qui l'a signalée dans sa *Physique sacrée* (1). En outre, l'éclair même qui précède le coup de tonnerre ou la décharge fulminante, possède par lui-même une action chimique probablement presque aussi prononcée que celle de l'électricité, car chaque molécule lumineuse peut être considérée comme une étincelle électrique d'une extrême petitesse, dont l'effet ordinaire est de faciliter les décompositions. Mais en troublant l'équilibre, elle peut aussi préparer l'union d'un corps avec un autre, ainsi que le fait la chaleur. L'exactitude de cette idée, dont l'application au cas actuel m'est personnelle, hardie pour l'époque à laquelle elle fut énoncée par Œrsted (2), est pleinement confirmée aujourd'hui par les belles expériences de M. Dove sur la lumière des éclairs, que j'ai déjà signalées dans mon Mémoire sur les éclairs sans tonnerre, p. 361. En effet, ce savant a prouvé que les éclairs les plus prolongés en apparence sont formés de la succession de décharges électriques, et que la durée d'une de ces décharges ne représente aucune fraction appréciable du temps dans lequel le cercle de Busolt accomplit une révolution, savoir une tierce, dans des circonstances favorables (1).

Mais pour revenir aux tonnerres sans éclairs par un ciel serein, je n'ai qu'un mot à ajouter : c'est que d'après la théorie énoncée ci-dessus, les tonnerres sans éclairs par un ciel couvert résultent d'une certaine dilatation et tension statique des parties du nuage, qui ne fournissent point d'écoulement périphérique pour produire l'éclair ; et dans les tonnerres sans éclairs par un ciel *serein*, lesdites parties doivent se trouver à un plus haut degré de dilatation et dans un état de tension moindre, par la raison que la nature du nuage transparent l'exige. Or, les tonnerres sans éclairs par un ciel serein devront être plus rares que ceux qui s'engendrent par un ciel nuageux, par la plus grande difficulté de combinaison que présente cette structure du nuage; laquelle peut avoir même lieu dans une multitude de circonstances sans que pour cela il y ait aucune manifestation sensible ni à l'ouïe, ni à la vue, mais uniquement à la plus grande délicatesse des appareils, comme l'indiquent les expériences de Peltier. Sur ce point l'expérience confirme l'exactitude de la théorie. Quant à la nature des nuages transparents, je crois l'avoir assez déterminée dans mon Mémoire sur les éclairs, p. 365 et suiv., ainsi qu'au début de celui-ci, pour me dispenser d'y revenir.

Ayant tâché de rechercher la vérité avec ardeur, surtout en ma qualité d'étranger, avant de conclure, je réclamerai la bienveillante indulgence de la So-

(1) Amsterdam, 1735, in-folio, vol. VI, p. 486.

(2) *Recherches sur l'identité des forces chimiques et électriques,* traduit de l'allemand par Marcel de Serres, Paris, 1843, p. 214.

(1) *Repertorium der physick,* t. II, p. 44. — Pogg., *Ann.* 1835, t. XXXV, p. 379. — *Archives de l'électricité,* 1844, t. II, p. 52.

ciété et des météorologistes, pour le style et pour le fond des vues que j'ai avancées dans ces deux travaux qui complètent l'ensemble de la question des *éclairs sans tonnerre* et des *tonnerres sans éclairs*, soit par un ciel nuageux, soit par un ciel serein. Je sens, je le répète, que j'ai, plus que personne, besoin de l'indulgence des savants, car j'ai marché dans une voie d'autant plus difficile à franchir qu'elle avait été très-peu explorée, tant sous le rapport théorique qu'au point de vue expérimental. Personne que je sache n'avait jusqu'ici rattaché à un principe unique ces diverses manifestations électriques, sur lesquelles on ne possédait que des idées isolées, plus ou moins contradictoires les unes des autres : les uns niant *à priori* le phénomène que d'autres admettent *à posteriori*. Quant à moi, je puis affirmer que, sauf les éclairs sans tonnerre et les tonnerres sans éclairs par un ciel *entièrement serein*, j'ai parfaitement observé tous les autres signes électriques que j'ai décrits dans mes deux Mémoires, soit aux Antilles, soit aux États-Unis d'Amérique, soit enfin en Europe, mais plus particulièrement et avec plus de fréquence à la Havane. Peltier même, dont les vues sur l'électrologie ont fourni la base fondamentale de ma théorie, n'a pas abordé l'explication théorique de ces météores. Dans une prochaine séance j'aurai l'honneur de soumettre au jugement de la Société un complément à ce travail qui embrassera l'ensemble des météores qui ont lieu par *un ciel serein*, lesquels sont : *pluies, grains, neiges, grêles, éclairs, tonnerres, foudres, foudres sphéroïdales, trombes, arcs-en-ciel* et *halos*.

Nota. — M. l'abbé Raillard a présenté à l'Académie des Sciences de Paris, le 27 octobre dernier, une note dans laquelle il rejette l'existence des éclairs sans tonnerre et des tonnerres sans éclairs. Le manque d'espace ne me permettant d'entrer ici dans aucun détail sur les vues de ce savant, je reprendrai cette question dans une autre occasion (1). Il va sans dire que je suis loin d'être de l'avis de l'auteur. Voir ma réponse à l'Académie, sur la note de M. Raillard, dans les *Comptes Rendus*, t. XLIII, p. 985.

---

(1) Voir mes remarques sur la théorie de M. l'abbé Raillard, dans le journal *la Science*, du 30 avril 1857, ainsi que celles sur la théorie de M. Phipson, dans les *Comptes-Rendus* de l'Académie, 1857, t. XLIV, et avec plus d'étendue dans le journal *la Science* du 7 mai 1857.